旅運實務

The Practice of Travel Agent

孫慶文／著

張　序

　　觀光事業的發展是一個國家國際化與現代化的指標，開發中國家仰賴它賺取需要的外匯，創造就業機會，現代化的先進國家以這個服務業為主流，帶動其他產業發展，美化提昇國家的形象。

　　觀光活動自第二次世界大戰以來，由於國際政治局勢的穩定、交通運輸工具的進步、休閒時間的增長、可支配所得的提高、人類壽命的延長，及觀光事業機構的大力推廣等因素，使觀光事業進入了「大眾觀光」（Mass Tourism）的時代，無論是國際間或國內的觀光客人數正不斷地成長之中，觀光事業亦成為本世紀成長最快速的世界貿易項目之一。

　　目前國內觀光事業的發展，隨著國民所得的提高、休閒時間的增長、以及商務旅遊的增加，旅遊事業亦跟著蓬勃發展，並朝向多元化的目標邁進，無論是出國觀光或吸引外籍旅客來華觀光，皆有長足的成長。惟觀光事業之永續經營，除應有完善的硬體建設外，應賴良好的人力資源之訓練與培育，方可竟其全功。

　　觀光事業從業人員是發展觀光事業的橋樑，它擔負增進國人與世界各國人民相互瞭解與建立友誼的任務，是國民外交的重要途徑之一，對整個國家形象影響至鉅，是故，發展觀光事業應先培養高素質的服務人才。

　　揆諸國內觀光之學術研究仍方興未艾，但觀光專業書籍相當缺乏，因此出版一套高水準的觀光叢書，以供培養和造就具有國

際水準的觀光事業管理人員和旅遊服務人員實刻不容緩。

今欣聞揚智出版公司所見相同，敦請本校觀光事業研究所李銘輝博士擔任主編，歷經兩年時間的統籌擘劃，網羅國內觀光科系知名的教授以及實際從事實務工作的學者、專家共同參與，研擬出版國內第一套完整系列的「觀光叢書」，相信此叢書之推出將對我國觀光事業管理和服務，具有莫大的提昇與貢獻。值此叢書付梓之際，特綴數言予以推薦，是以為序。

中國文化大學董事長

張鏡湖

叢書序

　　觀光事業是一門新興的綜合性服務事業，隨著社會型態的改變，各國國民所得普遍提高，商務交往日益頻繁，以及交通工具快捷舒適，觀光旅行已蔚為風氣，觀光事業遂成為國際貿易中最大的產業之一。

　　觀光事業不僅可以增加一國的「無形輸出」，以平衡國際收支與繁榮社會經濟，更可促進國際文化交流，增進國民外交，促進國際間的瞭解與合作。是以觀光具有政治、經濟、文化教育與社會等各方面為目標的功能，從政治觀點可以開展國民外交，增進國際友誼；從經濟觀點可以爭取外匯收入，加速經濟繁榮；從社會觀點可以增加就業機會，促進均衡發展；從教育觀點可以增強國民健康，充實學識知能。

　　觀光事業既是一種服務業，也是一種感官享受的事業，因此觀光設施與人員服務是否能滿足需求，乃成為推展觀光成敗之重要關鍵。惟觀光事業既是以提供服務為主的企業，則有賴大量服務人力之投入。但良好的服務應具備良好的人力素質，良好的人力素質則需要良好的教育與訓練。因此觀光事業對於人力的需求非常殷切，對於人才的教育與訓練，尤應予以最大的重視。

　　觀光事業是一門涉及層面甚為寬廣的學科，在其廣泛的研究對象中，包括人（如旅客與從業人員）在空間（如自然、人文環境與設施）從事觀光旅遊行為（如活動類型）所衍生之各種情狀（如產業、交通工具使用與法令）等，其相互為用與相輔相成之關

係（包含衣、食、住、行、育、樂）皆為本學科之範疇。因此，與觀光直接有關的行業可包括旅館、餐廳、旅行社、導遊、遊覽車業、遊樂業、手工藝品以及金融等相關產業等，因此，人才的需求是多方面的，其中除一般性的管理服務人才（如會計、出納等）可由一般性的教育機構供應外，其他需要具備專門知識與技能的專才，則有賴專業的教育和訓練。

然而，人才的訓練與培育非朝夕可蹴，必須根據需要，作長期而有計畫的培養，方能適應觀光事業的發展；展望國內外觀光事業，由於交通工具的改進，運輸能量的擴大，國際交往的頻繁，無論國際觀光或國民旅遊，都必然會更迅速地成長，因此今後觀光各行業對於人才的需求自然更為殷切，觀光人才之教育與訓練當愈形重要。

近年來，觀光學中文著作雖日增，但所涉及的範圍卻仍嫌不足，實難以滿足學界、業者及讀者的需要。個人從事觀光學研究與教育者，平常與產業界言及觀光學用書時，均有難以滿足之憾。基於此一體認，遂萌生編輯一套完整觀光叢書的理念。適得揚智文化事業有此共識，積極支持推行此一計畫，最後乃決定長期編輯一系列的觀光學書籍，並定名為「揚智觀光叢書」。依照編輯構想，這套叢書的編輯方針應走在觀光事業的尖端，作為觀光界前導的指標，並應能確實反應觀光事業的真正需求，以作為國人認識觀光事業的指引，同時要能綜合學術與實際操作的功能，滿足觀光科系學生的學習需要，並可提供業界實務操作及訓練之參考。因此本叢書將有以下幾項特點：

1.叢書所涉及的內容範圍儘量廣闊，舉凡觀光行政與法規、自然和人文觀光資源的開發與保育、旅館與餐飲經營管理實

務、旅行業經營，以及導遊和領隊的訓練等各種與觀光事業相關課程，都在選輯之列。

2.各書所採取的理論觀點儘量多元化，不論其立論的學說派別，只要屬於觀光事業學的範疇，都將兼容並蓄。

3.各書所討論的內容，有偏重於理論者，有偏重於實用者，而以後者居多。

4.各書之寫作性質不一，有屬於創作者，有屬於實用者，也有屬於授權翻譯者。

5.各書之難度與深度不同，有的可用作大專院校觀光科系的教科書，有的可作為相關專業人員的參考書，也有的可供一般社會大眾閱讀。

6.這套叢書的編輯是長期性的，將隨社會上的實際需要，繼續加入新的書籍。

　　身為這套叢書的編者，謹在此感謝中國文化大學董事長張鏡湖博士賜序，產、官、學界所有前輩先進長期以來的支持與愛護，同時更要感謝本叢書中各書的著者，若非各位著者的奉獻與合作，本叢書當難以順利完成，內容也非如此充實。同時，也要感謝揚智文化事業執事諸君的支持與工作人員的辛勞，才使本叢書能順利地問世。

李銘輝 謹識
八十五年十月於文化大學觀光事業研究所

序

　　從產業變遷的潮流、環境保護主義的抬頭，以及資源再生的角度來看，觀光業不啻是未來二十一世紀的產業金礦（全球弔詭約翰奈思比）。當全球社會愈趨一致，個別文化愈渴望保存自身特色，旅行行為於是成為完成自我、尋找歸屬的媒介。而旅遊業更像是四通八達的血脈，串起整個產業的運作與活力，樞紐的角色也益形明顯，不但居間結合航空陸上運輸、旅館住宿等業，也促進了許多相關行業的投入：諸如餐飲業、手工藝零售業、民俗表演業，以及會議籌組顧問公司。更促進許多其他行業的投入，如銀行金融業、產物保險業、觀光推廣以及廣告行銷業，也造就了許多專業人士：如遊程規劃員（Tour Planner）、票務員（Ticketing）、專業領隊（Tour Manager）、專業導遊（Tour Guide）、旅行業經理人（Travel Councilor）和會議專業籌組家（ Professional Conference Organizer），所以，除了是時髦的新興行業外，同時也是突起的新領域，值得學術界探討與研究。

　　本書第一章與第二章乃在介紹旅行業之本質及剖析其特性，以塑造及培養本書之閱讀環境，使讀者能以旅遊本業之角度思考各項問題及理解，第三章至第九章則分別按照出國旅遊的程序逐一敘述，其中包括專業知識、基本流程，並且融入業界的實務操作作為輔助說明，使其具有實務色彩，並且在第六章——遊程規劃中加入了外人入國，以及國民旅遊的兩個章節，使其範圍更完整，也使讀者有機會探討這兩個領域，最後在第十章則提出未來

產業的趨勢以及從業人員的因應之道。

　　本書又為協助學習者之便利，將每章節按以下結構陳述：

1.本章之目的：提供學習目標。

2.本章之重點：提供學習者閱讀本文之核心。

3.關鍵語：提供學習者以譯碼的功能解讀，並減少文字的贅述
　與重複。

4.本章之問答：在每章之後提出問題以供閱後思考。

5.本章之實務操作：提供田野見習與環境的體驗。

　　最後，本書得以完成，實感謝高雄餐旅專校李校長的支持，旅運科容繼業主任的鼓勵，而中華觀光管理學會理事長李銘輝博士在架構綱要上的指導，使得本書得以一氣呵成，另外亦感謝櫻花旅行社董事、也是文大觀研所的學長林燈燦在導遊實務與入國旅行等章的指導，阿瑪迪斯公司業務主任陳善珮在國民旅遊與票務訂位方面資料的提供，以及我的賢內助永寧的繕寫謄稿，都促使本書得以順利完成，一併感謝。

孫慶文　謹誌

目　錄

張序　I

叢書序　Ⅲ

序　Ⅶ

第一章　旅行業概論　1
　■ 旅行業之定義　3
　■ 旅行的發生經過　7
　■ 旅行業的發展沿革　12
　■ 旅行業相關之單位及行業　15

第二章　旅行業的種類及其組設　29
　■ 旅行業之分類　31
　■ 我國旅行業之申請設立　36
　■ 我國旅行社經營現況　47

第三章　出國手續　55
　■ 出國手續之基本流程　58
　■ 相關手續規定　61
　■ 其他相關事項　81

第四章　　出入境檢查程序　91

■ 聯檢程序　93

■ 我國出境程序　100

■ 入境外國檢查程序　104

■ 返國入境　106

第五章　　航空業務　113

■ 航空運輸之基本認識　117

■ 機票之種類及其有關規定　138

■ 航空時間之運算　146

■ 機票票價之計算　150

■ 行李運送　154

■ 預約訂位　158

第六章　　旅程設計　167

■ 遊程策劃原則及基礎　170

■ 遊程設計作業　175

■ 郵輪遊程設計　193

■ 國內遊程設計　196

第七章　　導遊實務　209

■ 導遊定義與分類　211

■ 導遊人員之管理　213

■ 導遊之各項工作　218

■ 導遊實務工作　221

第八章　領隊工作　231
　■ 領隊定義與資格　233
　■ 領隊工作之前置作業　244
　■ 遊程中之工作　254
　■ 緊急事件處理　262
　■ 從業人員之訓練　270

第九章　客戶服務管理　275
　■ 客戶銷售之技巧　277
　■ 旅客心理　294
　■ 客戶訴願處理　297

第十章　旅行業未來發展　301
　■ 旅遊市場之未來發展　304
　■ 旅行社經營之變化　305
　■ 從業人員之因應　307

第一章

旅行業概論

- 旅行業之定義
- 旅行的發生經過
- 旅行業的發展沿革
- 旅行業相關之單位及行業

本章目的

在讀完本章之後，您可以瞭解：

➤ 旅行的發生過程中、中西方的發展歷史，以及其成長之因素。

➤ 旅行業的定義與工作性質。

➤ 旅行業之特質及其管理經營之特性。

本章重點

➤ 旅行的發生經過。

➤ 旅行業的產生。

➤ 旅行業在各國的定義與範圍。

➤ 旅行業的特質。

➤ 旅行業的組織架構。

➤ 旅行業的工作職能。

➤ 旅行業從業人員的技能。

關鍵語

➤ 旅行（Travel）：兩地之移動。

➤ 旅行業（Travel Service）：指以旅行服務為營運中心之商業單位。

➤ 觀光業（Tourism Business）：指與觀光營業有關之個體單位。

➤ 觀光事業（Tourism Industry）：指凡與觀光有關行業之總體。

➤ 旅遊（Tour）：兩地移動，並離開自己所熟悉的生活環境。

旅行業之定義

一、旅行業的定義

依國際部分、國內部分與大陸部分分述如下：

國際部分

分述美國、日本、新加坡等業者及國際學者專家之看法：

1. 根據美洲旅行業協會（ASTA, American Society of Travel Agents）對旅行業所下之定義為：〝An individual or firm which is a authorized by one or more principal to effect the sale of travel and related services〞。其意義係指旅行業乃個人或公司行號，接受一個或一個以上「法人」之委託，去從事旅遊銷售業務，以及提供有關服務，謂之旅行業。這裡所謂之法人，係指航空公司、輪船公司、旅館業、遊覽公司、巴士公司、鐵路局等等而言。

2. 日本：日本旅行業法第2條：
   - 為旅行者，因運輸或住宿服務之需求，居間從事代理訂定契約，媒介或中間人之行為。
   - 為提供運輸或住宿服務者，代予向旅行者代理訂定契約，或媒介之行為。
   - 利用他人經營之運輸機關或住宿設施提供旅行者運輸住宿

之服務行為。

- 前三項行為所附隨，為旅客提供運輸及住宿以外之有關服務事項，代理訂定契約、媒介、或中間人之行為。
- 前三項所列行為所附隨之運輸及住宿服務以外有關旅行之服務事項，為提供者與旅行者代理訂定契約，或媒介之行為。
- 第一項到第三項所列舉之行為有關事項，旅行者之導遊。護照之申請等向行政廳代辦。給予旅行者方便所提供之服務行為。
- 有關旅行諮詢服務行為。
- 從事第一項至第六項所列行為之代理訂定契約之行為。

3. 新加坡：新加坡共和國旅行業條例第4條，對旅行業之定義具下列各款行為之一者，視為經營旅行業務：
- 出售旅行票券，或以其他方法為他人安排運輸工具者。
- 出售地區間之旅行權利給不特定人，或代為安排或獲得上述地區之旅館或其他住宿設施者。
- 實行預定之旅遊活動者。
- 購買運輸工具之搭乘權予以轉售者。

4. 國際學者對旅行業之定義為：
- Macintosh W. R.和Goeldner C. R.：旅行業為——仲介者——無論為公司或個人——銷售觀光旅遊事業體中，各項單獨的服務或多種結合後的服務給旅遊消者費者。
- Gee. C. Y. Choy D. J.和Markens J. C.：旅行業為所有觀光旅遊事業供應商的代理者。他們可以自由選擇觀光旅遊事業體中之任何服務而賺取佣金。
- Metelka（1990）將旅行業定義為：個人、公司、或法人

合格去銷售旅行、航行、運輸、旅館住宿、餐食、交通、觀光，和所有旅行有關之要素給大眾服務之行業。

・前田勇（1988）為旅行業之定義如下：旅行業（一般多稱為旅行代理店或Travel Agent）係介於旅行者與旅行有關之交通、住宿等相關設施之間，為增進旅行者之便利，提供各種之服務。

國內部分

根據發展觀光條例及旅行業管理規則分述如下：

1. 「發展觀光條例」第2條第八款：旅行業指為旅客代辦出國及簽證手續或安排觀光旅客旅遊、食宿及提供有關服務而收取報酬之事業。

2. 同法第22條規定，旅行業範圍要點如下：
   ・接受委託代售海、陸、空運輸事業之客票或代旅客購買客票。
   ・接受旅客委託代辦出、入國境及簽證手續。
   ・接待國內外觀光客並安排旅遊、食宿及導遊。
   ・組團出國、安排旅客觀光旅遊、食宿提供有關服務。
   ・其他經交通部核定與國內外觀光旅客旅遊有關之事項。前項業務，中央觀光主管機關得按其性質區分旅行業種類核定之。

3. 旅行業管理規則第3條規定：「旅行業應專業經營，以公司組織為限；並應於公司名稱上標明旅行社字樣」。

大陸國務院

大陸國務院（1985年頒布）「旅行社管理暫行條例」：旅行社

（旅遊公司或其他同類性質組織），是指依法設定，並具有法人資格，從事招徠、接待旅行者、組織旅遊活動，實行獨立核算之企業。

二、旅行業的特質

旅行業屬於服務業也是所謂的第三產業，有別於生產業（第一產業）、加工業（第二產業），因此具有許多獨特而不易瞭解的特性，分述如下：

源於服務業的特性

1.服務業的商品具有：
- 不可觸知性（勞務是無形的）。
- 不可儲存性（不是實體，而是一種感覺）。
- 不可分割性（源自於人，所以生產與消費同時發生）。
- 可變性（隨季節、環境與人為操作而變化）。

2.旅行業商品的服務業特性：
- 是將資源組合的一種勞務產品，本身並無有形產品。
- 隔日的房間不可再售，起飛的班機無票可售，不可儲存性至為明顯。
- 旅行團的價格隨季節而變，旅遊的人潮因經濟條件而不同，服務的好壞，因人之態度而異，具有強烈的可變性。
- 旅行途中對周遭的感受是服務的來源與本體，所以既是消費也是生產。

居間服務的特性

1.資源的連結者：將上游的觀光供應資源如交通、住宿、遊樂

園、餐飲業經由組合而形成一種可售性商品。

2.通路結構者：將觀光產品組合，行銷而推廣至中間代理商以至於消費者使用。

3.季節的創造者：將需求彈性經由價格策略改變流行的潮流，在冬天也可以創造旅遊熱潮。

4.市場的擴充者：當他完成市場策略之後，復以行銷的手段、擴充消費者的市場、從大眾市場走向分眾市場、從團體大眾旅遊走向個性旅遊、從一生祗去一次改成分段分次遊、從全面旅行走向定點旅遊。

5.競爭的激烈性－無法形成資源供應的掌握性，由於並無所謂的勞務智慧財產權，形成資源人人可得，商品人人可賣，同質性高，競爭性強，利潤必須掌握在時間差的空間裡。

旅行的發生經過

「觀光」一辭，在我國最早出現的地方是在周文王時代，「易經」中觀卦六四爻辭中有「觀國之光」的辭句，而孔子周遊列國更被奉為旅遊的先驅。而在國外，Tourism一字係由Tour加上ism而成，而Tour乃由拉丁文〝Tournus〞而來，有巡迴而遊的意思。而觀光就是旅行的活動，經過不同的年代變遷中的影響，因著政治、經濟、人文的演進過程中有著不同的型態展現。

而西洋的旅行活動更早於我國，而十字軍東征與東方震旦之國所發生的互動，更在馬可字羅遊記中，顯現無遺，故本節先從西洋旅遊活動介紹起，再介紹我國之旅遊活動經過，並將之區分為古代、近代與現代。

一、西洋旅行活動之發展

依關鍵性事件而分別以古代、中古、大旅遊、工業革命及飛機來臨等階段分述:

古代之旅遊活動

因與生理需求所產生的旅遊活動:

1. 遊牧的史前時期:人類因為逐水草而居,而產生了對「旅行」的欲望,旅行幾乎是遊牧民族相傳沿習的生活習慣。
2. 商業的兩河流域時期:西元前4000年在兩河流域的蘇美人發明了貨幣,並將之應用於商業交易,此外又發明了楔形文字與車輪,帶動了商務旅行。
3. 健康的希臘羅馬時期:地中海是西方文明的發源地,在各種文獻中已有商業、體育、療養以及宗教等動機的旅行活動記載,而羅馬人更喜歡旅行,有宗教、療養、藝術、酒食等動機,而前往帝國境內旅行以及對健康的追尋也影響後世的旅遊活動。

十字軍東征的中古時期

為了「團體認同」而產生的旅遊活動:

1. 戰爭與旅遊的十字軍東征:在西元1095年～1291年的十字軍東征耶路撒冷與回教徒爭奪聖地,以軍事成就來看並未成功,但卻促進了東西文化交流,擴大認知,並為歐洲人東遊奠下了基礎。
2. 宗教與朝聖:由於蠻族入侵,西羅馬滅亡,整個西方社會遂

受宗教力量支配，大量信徒湧入聖城梵諦岡，以及教宗的數次出走，於十四世紀另建聖城於法國亞威農，產生許多朝聖式的旅遊，而相關的住宿、餐食、嚮導等等也就因應而生。

大旅遊時代（Grand Tour）

為了「實現自我」而產生的旅遊期。受到文藝復興「再生」的影響，包含了西方文化之啟蒙、改變和探索的發展，以「教育」為主的大旅遊時代也因應而生。

交通發展的工業革命期間

在工業革命期間，西方經濟由鄉村農業型態轉為都市工業型態，愈來愈多的人為自己的健康、休閒與好奇心而旅行，同時交通運輸的發展也促使旅行活動的大變革。而英國的湯瑪士庫克所主持的鐵路之旅，也敲開了西方旅行業之門。

飛機來臨的大眾觀光

兩次大戰後，國際政治關係大為改善，交通工具突發猛進，促成中產階級的旅遊主流活動，而1958年噴射客機的正式啟用，更為國際越洋旅遊立下了重要的里程碑，大眾觀光活動於是來臨。

二、我國旅行活動之發展

早在古文明的發軔，人類即為著生活「逐水草而居」，在中國有關旅遊活動的記載也可追溯到西元2250年以前，隨著朝代更迭、社會經濟、科技產業發展的變遷，有關「旅行」的旅遊活動

也產生了許多有趣的變化，僅按古代、近代介紹於後。

古代——從有文字記載以迄清代末年，這階段可說是有旅遊活動，但是尚未把純旅行納入商業行為。從古代的旅遊活動，可歸納為下列六項：

1. 開疆拓土：
   - 周穆王（西元前1001年～西元前947年）是我國歷史上最早之旅行家，曾遠遊西北，並登上祁連山，可謂跋涉萬里。
   - 秦始皇於西元前221年平定六國之後即開始了五次大巡遊，西到流沙，南到北戶，東至東海，北過大夏，走遍了東西南北方。
   - 漢武帝（西元前156年～87年）是一位雄才大略的君主，他曾多次登泰山，出韶關，北至崆峒，南抵潯陽，可謂我國古代的旅遊宗師。
   - 元太祖（西元1237年至1253年）曾多次西征，攻陷莫斯科，連下匈牙利、波蘭、德意志、捷克，更降服了阿拉伯等30多國，其對外交通繁複，廣設驛政、路政、馬政。
   - 清代由於採閉關自守的鎖國政策，直至鴉片戰爭之後，五口通商，旅遊活動才又頻繁起來。
2. 使節出巡：
   - 西漢的張騫（約西元前175～114年）為一外交家，奉漢武帝的派遣，前後兩次出使西域，開通了歷史上著名的「絲路」。
   - 明朝的鄭和（西元1371年～1433年），是我國歷史上的大航海家，足跡遍及印度支那半島、馬來半島、印度、波斯、更遠到非洲東岸及紅海海口。

3. 商務活動：古代遍佈全國的驛道，西南各省的棧道、各地的漕運水路，以及海山貿易，形成了許多的商路，有著頻繁的商業旅行。

4. 藝術與文學之旅：古代許多文人學士寫出了許多膾炙人口的不朽作品，同時也走遍了名山大川，漫遊了名勝古蹟，像陶淵明、李白、杜甫、柳宗元、歐陽修、蘇東坡、袁宏道等，其他如西漢司馬遷、北魏酈道元和明代徐霞客，不僅是傑出之史學家，其作品更充滿了山光水色的神來之筆。

5. 宗教傳道：許多源自外國的宗教，諸如佛教、基督教、回教、印度教、祆教以及猶太教，都先後的進入我國，在傳道的過程中，以及諸如著名的法顯、玄奘、鑒真等前往西方取經時，當然產生了許多宗教旅行的活動。

我國近代旅遊活動之形成

約指從明末清初始計以迄政府遷台這段期間。

1. 來華傳教及商務：早在元代時期有義大利人馬可字羅東遊記，而近代中國在鴉片戰爭失敗後，對外開放了許多通商港口，使中國成為外國商務人士的樂園。

2. 出國留學的風潮：清末，為了西方的船堅礮利對我傷害至深，清政府為培養洋務人士，在當時出現了留學熱，產生了我國近代向外旅行的活動史。

3. 民國12年8月上海商業儲蓄銀行首先成立旅行部，專門辦理出國手續和相關交通安排，肇始了我國的旅行活動服務進入商業化。

旅行業的發展沿革

　　早期的旅遊活動都是個別的自發性行為，而當旅遊活動進入串聯式的商業行為時，才有旅行業的產生；分別以英國、美國為代表性。

一、歐洲旅行業之發展

　　湯瑪斯庫克的興起（Thomas Cook, 1808～1892）為英國Melbourne Darly郡人，原致力於鄉村佈道，而後逐漸往商業發展，1841年他說服了密德蘭鐵路公司在萊斯特——羅布洛之間，行駛一輛專車，以供當時參加禁酒會議旅客之需要，他吸引了約600名旅客，成為世界上第一個成功的全備旅遊，他把旅遊與商業行為完全的結合在一起，而革命性的改變了當時旅遊方式，並滿足了民眾渴望，後人尊稱他為旅行業之鼻祖。

　　英國通濟隆公司——就是由湯瑪斯庫克在1854年創立的旅行社，除了全備旅遊他同時也發明了若干服務，對獨立旅行者（F.I.T.）貢獻頗大：

　　1.周遊車票（Circular Ticket）。
　　2.庫克服務憑券（Cook Coupon）。
　　3.周遊券（Circular Note）：類似今日之旅行支票。
　　4.旅遊手冊及交通時刻表。
　　5.建立領隊與導遊之提供制度。

二、美國旅行業之演進

　　美國旅行業之創設應源於威廉哈頓（William Ferederick Harden）於1839年所開設的一家旅運公司，專門經營波士頓與紐約間的旅運業務。而當時的旅運公司除了遞送郵件外，並代辦付款取貨的貨運服務，同時也經營匯兌服務。因此，美國之旅行業一開始就和金融業產生關係，這也是美國旅行業發展的特色之一。

　　美國運通公司（American Express）由William Forgo，Henry Wells及Johnson Livingston共同領導，起先專以從事貨物運送為主，1891年起，由James Forgo設計發行了旅行支票，並辦理旅行業務，而促使其業務迅速展開，而其後發展的旅館預訂房間制度（Space Bank）及信用卡（Credit Card），都是今日系統的創始者。

三、我國旅行業之發展

　　我國旅行業之發展又界分為大陸時期與遷台時期：

大陸時期

　　指政府遷台前之成長時期：

1.民國12年8月上海商業儲蓄銀行首先成立旅行部，開我國旅行業之肇始。
2.民國16年6月1日正式成立中國旅行社。
3.民國32年2月中國旅行社在台灣成立分社，並命名為「台灣中國旅行社」為台灣旅行業之開創者。

台灣旅行業

涵括日據時代與光復後大陸來台之旅行社衍變相結合之時期：

1. 日據時代：台灣的旅行業在日本主持的「台灣鐵路局旅客部」代辦。後來，由「日本旅行協會」改名為「東亞交通公社」，在台成立「東亞交通公社台灣支社」，是台灣地區第一家專業旅行社。

2. 光復後：民國34年，台灣省鐵路局接收了東亞交通公社台灣支社，並改組為台灣旅行社。36年改組為「台灣旅行社股份有限公司」，直屬省政府交通處，是第一家公營旅行業機構。

3. 民國36年，牛天文先生創立歐亞旅行社，體育耆宿江良規先生創立遠東旅行社，與上海商銀的「台灣中國旅行社」及省政府的「台灣旅行社」，成為最早的四家旅行社。

4. 民國49年5月，台灣旅行社開放民營，民間旅行社也紛紛成立，並於58年4月10日成立台北市旅行商業同業公會。

5. 民國67年全省旅行業已達349家，有惡質競爭的跡象，也產生許多旅遊糾紛。政府遂宣布暫停甲種旅行社之申請。

6. 民國77年元月，再度開放旅行社申請，並將旅行業區分為綜合、甲種和乙種三類。

7. 民國86年12月為止，全國共有綜合旅行社75（155）家，甲種旅行社428（462）家及乙種旅行社84（11）家，總共1587（628）家。（括弧內為分公司家數），共計2215家。

旅行業相關之單位及行業

　　旅行業既是代理仲介的功能，學習旅行業務自然要瞭解與其相關之其他行業，而由其組合而成的組織與單位也一併介紹：

一、國與旅行業相關之組織與單位

　　包括政府機構與人民團體：

1.觀光局：主管全國觀光事務機關，負責對地方及全國性觀光事業之整體發展，執行規劃輔導管理事宜。其主要職掌如下：

・觀光事業之規劃、輔導及推動事項。

・國民及外國旅客在國內旅遊活動之輔導事項。

・民間投資觀光事業之輔導及獎勵事項。

・觀光旅館、旅行業及導遊人員證照之核發與管理事項。

・觀光從業人員之培育、訓練、督導及考核事項。

・天然及文化觀光資源之調查與規劃事項。

・觀光地區名勝、古蹟之維護及風景特定區之開發、管理事項。

・觀光旅館設備標準之審核事項。

・地方觀光事業及觀光社團之輔導，與觀光環境之督促改進事項。

- 國際觀光組織及國際觀光合作計劃之聯繫與推動事項。
- 觀光市場之調查及研究事項。
- 國內外觀光宣傳事項。
- 出國觀光（含大陸探親）民眾之服務事項。
- 成立管理處，直接開發及管理「國家級風景特定區」觀光資源。
- 旅館業督導查報。
- 推動近岸海域遊憩活動。
- 觀光遊憩區專業督導。

2. 財團法人台灣觀光協會：其主要任務為協助政府推動觀光宣傳，並協調觀光事業有關各行各業的不同立場、意見與利害關係，改善觀光事業發展環境，為謀求我國觀光事業整體福利的非營利機構。

3. 中華民國觀光導遊協會（Tourist Guides Association R.O.C.）：為協助國內導遊發展導遊事業，諸如：導遊實務訓練、研修旅遊活動、推介導遊工作、參與勞資協調、增進會員福利、協助申辦導遊人員執業證（內容包括：申領新證、專任改特約、特約改專任、執業證遺失補領、年度驗證等工作）及帶團服務證之驗發。

4. 中華民國觀光領隊協會（Association of Tour Managers, R.O.C.，簡稱ATM）：以促進旅行業出國觀光領隊之合作聯繫、砥礪品德及增進專業知識、提高服務品質、配合國家政策、發展觀光事業及促進國際交流為宗旨。

5. 中華民國旅行業品質保障協會（Travel Quality Assurance Association R.O.C.，簡稱TQAA）：其成立宗旨及任務為提高旅遊品質，保障旅遊消費者權益。任務如下：

‧促進旅行業提高旅遊品質。

‧協助及保障旅遊消費者之權益。

‧協助會員增進所屬旅遊工作人員之專業知能。

‧協助推廣旅遊活動。

‧提供有關旅遊之資訊服務。

‧管理及運用會員提繳之旅遊品質保障金。

‧對於旅遊消費者因會員依法執行業務，違反旅遊契約所致
損害或所生欠款，就所管保障金依規定予以代償。

‧對於研究發展觀光事業者之獎助。

‧受託辦理有關提高旅遊品質之服務。

二、國際性主要觀光旅遊組織

由於其組織功能大同小異，僅以簡述與總表介紹之。

組織名稱

1.世界觀光組織（World Tourism Organization, WTO）。

2.國際航空運輸協會（International Air Transport Association, IATA）。

3.國際民航組織（International Civil Aviation Organization, ICAO）。

4.亞太旅行協會（Pacific Asia Travel Association, PATA）。

5.旅遊暨觀光研究協會（The Travel and Tourism Research Association, TTRA）。

6.美洲旅行業協會（American Society of Travel Agents, ASTA）。

7.國際會議協會（International Congress and Convention Association, ICCA）。

8.國際觀光與會議局聯盟（International Association of Convention and Visitor Bureau, IACVB）。

9.亞洲會議暨旅遊局協會（Asia Association of Convention and Visitors Bureau, AACVB）。

10.東亞觀光協會（East Asia Travel Association, EATA）。

11.拉丁美洲觀光組織聯盟（Confederation de Organizationes Turisticas de la Americal Latina, COTAL）。

12.美國旅遊業協會（United States Tour Operators Association, USTOA）。

13.世華觀光事業聯誼會（World Chinese Tourism Amity Conference, W.C.T.A.C.）。

觀光組織簡介摘要表（見表1-1）

表 1-1 國際主要觀光組織簡介摘要表

觀光組織	成立時間	會址	主要宗旨	曾在我國開會	備註
世界觀光組織 WTO	1958	馬德里	發展觀光事業,以求對經濟發展、國際瞭解、和平、繁榮,以尊重人權與基本自由	否	
亞太旅行協會 PATA	1952	舊金山	促進太平洋區之旅遊事業會員能有更佳之營業。	1968、1993	★
旅遊暨觀光研究協會	1970	美國鹽湖城	藉專業性之旅遊與觀光研究,以提供業者新知,促進旅遊事業健全發展。	否	★
東亞觀光協會 EATA	1966	東京	1.促會員國觀光事業發展 2.便利世界觀光客旅遊本區。 3.加強會員間合作發展區域觀光。	是	★
美洲旅遊協會 ASTA	1931	華盛頓	「唯有自由國家,才允許自由旅行」主張旅行自由。	1991	★

續表 1-1 國際主要觀光組織簡介摘要表

觀光組織	成立時間	會址	主要宗旨	曾在我國開會	備註
拉丁美洲觀光組織聯盟 COTAL	1957	布宜諾斯愛利斯	促進拉丁美洲各地區各旅遊業間之聯繫與合作。	否	★
國際會議協會 ICCA	1962	阿姆斯特丹	以合法方式在世界各地協助各種國際性集會之發展。	1992	★
國際觀光與會議局聯盟 IACVB	1914	美國伊利諾州 Champaign	提昇會議專業水準，並透過各種集會以使會員交換心得。	否	★
美國旅遊業協會 USTOA	1972	紐約	1.教育保護消費者 2.維持旅遊業高水準的專業。 3.發展國際性旅遊業。	否	★
國際航空運輸協會 IATA	1945	加拿大蒙特婁	1.讓全世界在有安全、有規律之航空運輸中受益。 2.增進航空貿易發展。 3.提供航空服務合作管道。	否	
世華觀光事業聯誼會 WCTAC	1969	台北	增進華商觀光旅遊事業之聯繫、業務發展，合作發展觀光事業及促進各地文化交流。	有	
國際民航組織 ICAO	1944	加拿大蒙特婁	1.確保國際民用航空安全與成長。 2.鼓勵開闢航線及機場和航空設施興建。 3.增進國際民航在各方發展。	否	

註：★為觀光局參加之國際觀光組織。除此之外，尚參加的觀光組織有：
美洲旅遊資訊中心(UNITED STATES TOURIST DATA CENTER)
國際會議規劃師協會(INTERNATIONAL SOCIETY OF MEETING PLANNER)
太平洋經濟合作理事會(PACIFIC ECONOMIC COOPERATION COUNCIL)
亞太經濟合作理事會(ASIA PACIFIC ECONOMIC COOPERATION)
資料來源：交通部觀光局八十四年年報， 1996.5

三、與旅行業相關之服務業

多為交通運輸、餐飲住宿及因應旅行而產生之周邊產業，如紀念品零售業、金融業、保險業及出版印刷業。

旅館服務業

簡述其種類，業務往來及服務類型。

1.在旅遊服務業中，（觀光）旅館業占著相當重要的地位。而住宿安排亦是旅客評估旅遊滿意度的指標之一。通常旅行業在為旅客安排住宿時，除了考量價格、地點、種類、等級外，也依據與公司合作關係來執行訂房。透過訂房中心之連鎖作業來整合全球各地之訂房作業，係加強旅遊之訂房作業的最佳途徑，資訊的掌握便捷、精確。

2.住宿之類型：根據經濟合作發展協會（The Organization for Economic Cooperation and Development, OECD）的分類共有正式的十一種，和其他附加的兩類，包括Hotels，Motels，Inns，Bed and Breakfasts，Paradors，Time share and Resort Condominiums，Camps，Youth Hostels和Health Spas。而其他兩項通常包括了類似旅館之住宿和輔助性的住宿，像度假中心之小木屋（Bungalow Hotels）、出租農場（Rented Farms）、水上人家小艇（House Boats）和露營車（Camper-vans）等。

3.旅館之計算方式：
   ・歐式計價方式（EP-Eurpean Plan）：只有房租費用，客人可以在旅館內或旅館外自由選擇任何餐廳進食，若在旅館用餐則膳費可以記在客人的帳戶上。

- 美式計價方式（AP-American Plan）：亦即著名的（Full Board）——包括早餐、午餐和晚餐三餐。在美式計價方式之下所供給的伙食通常是套餐，它的菜單是固定的，沒有另外加錢是不能改變的。在歐洲的旅館，飲料時常不包括在套餐菜單之內，並且服務生向客人推銷礦泉水、酒，以及咖啡或其他飲料，但要另外收費。
- 修正的美式計價方式（MAP-Modified American Plan）：包含早餐和晚餐，這樣可以讓客人整天在外遊覽或繼續其他活動毋需趕回旅館吃午餐。（含兩餐）
- 半寄宿（Semi-Pension or Half Pension）：與MAP相類似，而且有些旅館經營者認為是同樣的，半寄宿包括早餐和午餐或是晚餐。
- 歐陸式計價方式（Continental Plan）：包括早餐和房間，亦可以稱為床舖與早餐（Bed and Breakfast, B&B）。
- 百慕達計價方式（Bermuda plan）：住宿包括全部美國式早餐時即為「百慕達計價方式」。

餐飲服務業

餐飲雖是構成全備旅遊的重要組合之一，但是旅行業在選擇上大致概分以下種類：

1. 飛機上的餐飲，概由空中廚房供應，團體旅客大多搭乘經濟艙，為一固定組合之盤餐，概有主食、前菜、甜點（或水果）、麵包以及佐餐之葡萄酒、果汁、礦泉水，還有餐後之咖啡、茶等飲料。
2. 若有特殊條件需求者（大多為配合體質或宗教而設）另有安

排為：

- BBML：嬰兒餐，兩歲以下已斷奶之嬰兒。
- HNML：印度餐，印度教徒用。
- KSML：猶太餐，猶太教徒用。
- MOML：回教餐，回教徒用。
- MSML：無鹽餐（另有膽固醇、潰瘍性病患、高蛋白低熱量）。
- ORML：東方素食餐，不加蛋、不加蔥椒。
- SFML：海鮮餐。
- VGML：素食餐，健康食品。

3.旅館內用餐：

- 早餐：分有美式、歐式、英式及北歐式及自助餐式。
- 正餐：以套餐為主（Set Menu）。
- 外食：可選擇性較大，配合各地不同之風味，有多樣之選擇。但一般仍以中餐合菜為主。

4.飲料：飲料（Beverage）依其成分可大分為含酒精飲料（Liquor）與無酒精飲料（Soft Drink）兩大類。前者又可分出釀造酒（Fermented Alcoholic Beverage）、蒸餾酒（Distilled Alcoholic Beverage）以及再製酒（Compounded Alcoholic Beverage）三種。若把以上四種飲料中的兩種或兩種以上加以混合即成另一種混合飲料（Mixed Drink）。

航空旅遊業

1.航空公司之分類有定期航空公司、包機航空公司及小型包機公司（含直昇機）。

2.其服務單位有：

- 業務部：如年度營運規劃、機票銷售等。
- 訂位組：如團體訂位、起飛前機位管制等。
- 票務組：如確認、開票、退票等。
- 旅遊部：如行程安排、團體旅遊、簽證等。
- 稅務部：如營收、報稅、匯款等。
- 貨運部：如貨運承攬、運送、規劃、保險等。
- 維修部：如負責零件補給、飛機安全等。
- 客運部：如辦理登機手續、劃位、行李承收、緊急事件處理等。
- 空中廚房：如機上餐點供應等。
- 貴賓室：如貴賓接待、公共關係等。

水上旅遊業

水上旅遊相關業務包含了郵輪，各地間之觀光渡輪和深具地方特色之河川遊艇，茲分列如下：

1. 郵輪（Cruise Liners）：如阿拉斯加、新加坡郵輪旅遊。
2. 觀光渡輪（Ferry Boats）：如義大利南部的水翼船、英法海峽的汽墊船、台灣海峽的澎湖輪等。
3. 河川遊艇：如舊金山灣區的遊艇巡弋、紐約自由女神觀光船、桂林漓江遊船以及長江三峽遊輪。

陸路旅遊業

1. 鐵路：如美國全國鐵路旅運公司（Amtrak）、歐洲火車聯營票（Eurail Pass）、法國TGV及英法海底隧道的歐洲之星，除了交通之外兼具有觀景功能。
2. 公路：如租車（Avis. Hertz公司）及提供司機服務、休閒車

輛出租業務等。

3.遊覽車：提供包車服務業務。

   ·包車旅遊服務：如市區觀光、完整遊程、專人嚮導遊程。

   ·陸上交通服務：如機場、飯店間之接送服務。

   ·觀光接送服務：如市區和風景區往返定期運輸服務。

4.其他：纜車（Cable Car）——如舊金山的纜車觀光。動物——騎馬、大象、駱駝、駝鳥等趣味性乘騎。

零售業

分別有觀光地紀念品及土產品店，以及針對外國觀光客享有免稅優待國家的免稅店。

1.紀念品及特產品之零售服務：專售具有當地風格之物產，值得旅客攜回，近期已發展到「國外買單，台灣提貨」的便利了！

2.免稅品店：經過特許的零售業，設於機場內或特定地區，其免稅之部分不一，有些是免貨物稅，州稅或進口稅，依地區而不同，但同樣的帶給觀光客免去辦理沖退稅的繁雜手續。

休憩旅遊業

旅遊安排除了人文景觀和自然資源之參觀外，目前更結合了各地之特殊娛樂設施、遊樂方式和遊憩場所，茲將分述如下：

1.主題公園（Theme Park）：如迪士尼樂園（Disney Land），夏威夷玻里尼西亞文化中心、台灣九族文化村等。

2.戶外渡假：如運動旅遊中高爾夫球團、滑雪之旅、花蓮秀姑巒溪泛舟之旅等。

3.遊樂、賭場、賽馬及表演：如拉斯維加斯賭城、澳門的賽馬、巴黎麗都夜總會等。

4.渡假村：如CLUB MED及PIC渡假村。

金融業

為了旅遊便利，而提供了隨時可兌現的旅行支票及國際通用的信用卡，不但提供購物之便利且可以周借現金或國際電話之用，同時也提供了旅者安全性與便捷性，更開發了許多潛在的旅行消費市場。

保險業

為了旅行平安、旅行意外、行李遺失，以及海外事故之急難救助而為保險業添助廣大市場，目前之旅行保險，概分有：

1.旅行業履約責任險。

2.全備旅遊契約責任險。

3.旅行平安保險。

4.海外急難救助錦囊。

5.海外旅行產物保險：證照遺失、行李遺失、行程延後等之保險。

6.預約取消責任險：在國外才有開辦，多針對需長期預訂的郵輪之消費者保障而設。

出版印刷業

在旅遊行銷體系中，講究無形產品有形化，有形產品規格化，產品規格透明化，因此為結合旅遊行銷策略而產生了相關之出版印刷業。

1.媒體及廣告業。

2.型錄、旅遊手冊印刷業。

3.導覽手冊及觀光情報書籍之出版業。

問答題

　　1.旅行業、觀光業與觀光事業之間有何區別？

　　2.旅行業之特質與服務業之特性有何異同？

　　3.歐洲旅行之創始者？

　　4.略述西方旅行活動發生之經過？

　　5.我國旅行業之定義為何？

　　6.試略舉十個與旅行業相關之服務業？

　　7.我國已參加國際觀光組織為何？試略述之？

　　8.觀光局與旅行業相關之單位為何？試略述其業務性質？

　　9.旅行活動之發展有無脈絡可循，試述為何？

實務研究

　　1.試將同學分組參訪下列各單位：

　　　觀光局

　　　台灣觀光協會

　　　國家公園管理局

　　　東北角海岸風景管理處

　　　國際觀光旅館之一

　　　高級餐廳

　　　中華手工藝中心

　　　各國旅遊局

　　　航空公司

　　　觀光局旅遊服務中心

　　2.認識旅行業相關法規：

旅行業管理規則

消費者保護法

旅遊契約（國外及國內）

導遊管理規則

旅行平安保險

第二章

旅行業
的種類及其組設

- ■ 旅行業之分類
- ■ 我國旅行業之申請設立
- ■ 我國旅行社經營現況

本章目的

➤ 瞭解旅行業之分類與營運範疇有何區別。
➤ 瞭解旅行業分類之目的與管理之方式。
➤ 瞭解旅行業設立條件與流程從而熟悉其行政管理。
➤ 瞭解旅行業之經營現況與型態,俾便使從業人員瞭解其工作環境與組織架構、功能。

本章重點

➤ 我國旅行業之分類。
➤ 國外旅行業之分類。
➤ 兩地旅行業分類之比較。
➤ 旅行社設立條件。
➤ 旅行社設立流程。
➤ 旅行社組織功能與部門職能。

關鍵語

➤ 綜合、甲種、乙種旅行社。
➤ 第一類社、第二類社、第三類社。
➤ 組團社、外聯社、地接社。
➤ 總代理,指GSA,為地區上由航空公司最具授權力之銷售代理店,有所謂的台灣區總代理或南/北區總代理。
➤ 票務中心:指量販機票之旅行社,又稱TICKET CENTER,同業稱T.C。
➤ In-Bound-Out Bound,分別為入國旅遊與出國旅遊之簡稱 。
➤ 國旅:指國民旅遊,為旅行業間之簡稱。

旅行業之分類，在國外與本國並不盡相同，除了法規上之規定外，為因應消費市場習慣以及商業利益而有很大之區別，本章除了依歐美分類、日本分類以及我國分類外，並將大陸分類也一併介紹，而在第二節中更深入探討我國旅行社實際運作功能及組織架構在不同營運目標之下所產生的彈性運用，最後才在法規原則之下，敘述有關申請籌設及註冊之流程。

旅行業之分類

　　旅行業之創立既以歐美為先，而其營運方式也多為我國旅行業之藍本，故本節先敘歐美之分類，再敘與我國臨近之日本，因其模式亦有參考價值，而大陸分類之描述亦有助於海峽兩岸旅遊交流之促進。

一、國外旅行業之分類

　　國外旅行業之分類依據乃根據其生產之上下游關係而產生：

歐美之分類

1. 躉售旅行業（Tour Wholesaler）：係以經營定期遊程批售業務為營運標的，以專業的企劃人才深入市場研究，精確的掌握市場趨向，設計出廣大民眾喜愛的行程，並以特定品牌上市，委請同業代為推廣銷售，且定期與同業交流，甚至講習或代為訓練。旅遊躉售業者對自行設計中的交通運輸、旅館住宿、餐飲安排以及領隊或導遊人員安排均有專屬部門安排

（一般俗稱purchase，即採購之意），不但專業且能以量制價，從長計議，是計劃旅行的先驅。

2.遊程承攬旅行社（Tour Operator）：係以市場中特定之需求，研製遊程，並透過相關行銷網路爭取直接之消費者，並以精緻服務、品質建立等口碑形象訴諸市場，亦將其產品批發給零售旅行業代為銷售，因此兼具有遊程薑售，零售旅行社之角色與功能，唯其量產不如薑售旅行業。

3.零售旅行業（Retailer）：主要為代售薑售旅行業或遊程承攬旅行業之全備商品或航空公司研發之獨立旅行商品，在組織規模，員工數量較小但分布廣，操作成本低，適應市場較有彈性而寬廣，而其廣布的通路最受輕睞，但是由於各為其主，與上游資源的聯繫較差，作業力較弱。

4.特殊旅遊公司Special Interest或獎勵公司Incentive Company：乃是專業的協助一般商業公司規劃，組織與推廣以旅遊為獎勵銷售或激勵員工等手段的專業性公司，而此種公司策劃出來的旅遊，就是國人俗稱的獎勵旅遊（Incentive Tour）。

日本旅行業的分類

日本旅行業更以上、中、下游及大小規模之架構劃分為一般旅行業、國內旅行業以及旅行業代理店三種。

1.一般旅行業：一般旅行業指經營日本本國旅客或外國旅客的國內旅行、海外旅行乃至各種不同形態的作業為主，其設立需經運輸大臣核准後始可設立。

2.國內旅行業：國內旅行業之旅行社僅能經營日本人及外國觀光客在日本國內旅行，其設立需經都道府縣知事的核准，始可設立。

3.旅行業代理店：旅行業代理店係指代理以上兩種旅行業之旅
　行業務為主，並依其代理旅行業者之不同，也分為「一般旅
　行業代理店業者」或「國內旅行業代理店業者」兩種（見表
　2-1），而一般旅行業代理店仍需運輸大臣核准，國內旅行業
　代理店則需經都道府縣知事之核准，始可設立。

表 2-1

	上　游	下　游
國際市場	一般旅行社	一般旅行業代理店
國內市場	國內旅行社	國內旅行業代理店

二、我國旅行業之分類

1.係以其經營能力，資本額及其經營的業務範疇作為分類依據
2.依據84年6月24日發布實施之旅行業管理規則第二條，我國
　現行旅行業區分為綜合旅行業、甲種旅行業及乙種旅行業。
3.依資本額、保證金、經理人數之區分，其分類如（表2-2）：

表2-2

	資本額	增設分公司	保證金	增設分公司	經理人	增設分公司
綜合	2500 萬	150 萬	1000 萬	30 萬	4 人	1 人
甲種	600 萬	100 萬	150 萬	30 萬	2 人	1 人
乙種	300 萬	75 萬	60 萬	15 萬	1 人	1 人

依業務範圍之區分如下（**表2-3**）：

表 2-3

項目	國外業務	國內業務
綜合旅行社	1. 接受委託代售國內外海、陸、空運輸事業之客票或代旅客購買國內外客票、託運行李。 2. 接受旅客委託辦出、入國境及簽證手續。 3. 接待國內外觀光旅客並安排旅遊、食宿、導遊。 4. 以包辦旅遊方式，自行組團，安排旅客國內外觀光旅遊，食宿及提供有關服務。 5. 委託甲種旅行業招攬前款業務。 6. 委託乙種旅行業代為招攬第四款國內團體旅遊業務。 7. 代理外國旅行業辦理聯絡、推廣、報價等業務。 8. 其他經中央主管機關核定與國內外旅遊有關之事項。	含
甲種旅行社	1. 接受委託代售國內外海、陸、空運輸事業之客票或代旅客購買國內外客票、託運行李。 2. 接受旅客委託辦出、入國境及簽證手續。 3. 接待國內外觀光旅客並安排旅遊、食宿、導遊。 4. 自行組團安排旅客國內外觀光旅遊、食宿及提供有關服務。 5. 代理綜合旅行業招攬前項第五款之業務。 6. 其他經中央主管機關核定與國內外旅遊有關之事項。	含
乙種旅行社	不含	1. 接受委託代售國內海、陸、空運輸客票或代旅客購買客票、託運行李。 2. 接待本國觀光旅客國內旅遊、食宿及提供有關服務。 3. 代理綜合旅行業招攬第二項第六款國內團體旅遊業務。 4. 其他經中央主管機關核定與國內外旅遊有關之事項。

各分類間之最大差異

　　1.甲種與綜合之差異：
　　　・不得委託其他甲、乙種旅行社代為招攬業務。
　　　・不得代理外國旅行業辦理聯絡、推廣、報價等業務。
　　2.乙種與甲種之差異：
　　　・不得接受代辦出國之業務。
　　　・不得接待國外觀光客。
　　　・不得自行組團或代理出國業務。

三、大陸旅行業之分類

　　1.係依其經營範圍，設立條件分類。
　　2.按大陸「旅行業管理暫行條例」第6條規定，分為第一類
　　　社、第二類社、第三類社。
　　3.按營運範圍區分如（**表2-4**）：

表 2-4

	又　　稱	經　營　範　圍
第一類社	組團社	經營對外招徠並接待外國人、華僑、港澳同胞、台灣同胞前來中國(大陸)、歸國或回內地旅遊業務的旅行社。
第二類社	地接社	不對外招徠，只經營接待第一類旅行社或其他涉外部門組織的外國人、華僑、港澳同胞、台灣同胞來中國(大陸)、歸國或回內地旅遊業務的旅行社。
第三類社	當地社	經營中國(大陸)公民國內旅遊業務之旅行社

4.按設立條件之區分如（**表2-5**）：

表 2-5

	註冊資本	設　備	人　員	組織能力
第一類社	50 萬人民幣	1.固定辦公所 2.對外聯絡設備	1.經理人 2.工作人員 3.專業人員	外　聯
第二類社	25 萬人民幣	1.固定辦公所 2.對外聯絡設備	1.經理人 2.工作人員 3.專業人員	地　接
第三類社	3 萬人民幣	1.固定辦公所	1.管理人員	熟悉業務

我國旅行業之申請設立

一、旅行社之功能

　　旅行社提供服務的內容主要是代辦出入境手續、簽證業務、組織旅行團體成行，訂位開票，替個人或機關團體設計及安排行程，提供旅遊資訊，收取合理報酬的事業。

　　旅行社的營運範圍大小應評估其財力、人力、經驗及設備等項目。一般來說，從實務面看旅行社的營運範圍可涵蓋如下：

代辦觀光旅遊相關業務

　　1.辦理出入國手續。

　　2.辦理簽證。

3.票務（個別的、團體的、躉售的、國際的、國內的）。

遊程承攬

1.行程安排與設計（個人、團體、特殊行程）。

2.組織出國旅遊團（躉售、直售、或販售其他公司的旅遊產品）。

3.接待外賓來華業務（包括旅遊、商務、會議、翻譯、接送等）。

4.代訂國內外旅館及其與機場間的接送服務。

5.承攬國際性會議或展覽會之參展遊程。

6.代理各國旅行社業務（LOCAL）或遊樂事業業務。

7.某些特定日期或特定航線經營包機業務。

交通代理服務

1.代理航空公司或其他各類交通工具（快速火車或豪華郵輪）。

2.遊覽車業務或租車業務。

異業結盟與開發

1.經營移民或其他特殊簽證業務。

2.成立專營旅行社軟體電腦公司或出售電腦軟體。

3.經營航空貨運、報關、貿易及各項旅客與貨物之運送業務等。

4.參與旅行業相關之餐旅、遊憩設施等的投資事業。

5.經營銀行或發行旅行支票，如英國的THOMAS COOK及美國的AMERICAN EXPRESS。

6.代理或銷售旅遊周邊用品（或與信用卡公司合作）。

二、我國旅行社之組織型態與部門功能

基本組織型態

就旅行業之組織架構而言，大致分為兩個部分，第一部分為對外營業功能，第二部分為對內管理功能，然後依營業範圍（綜合、甲種、乙種）與營業方向（出國旅遊、外人入國及國民旅遊）與服務區別（團體躉售、票務躉售、團體直售、票務直售）而產生不同之組織型態。有關旅行業的組織參考範例詳如（圖2-1）。

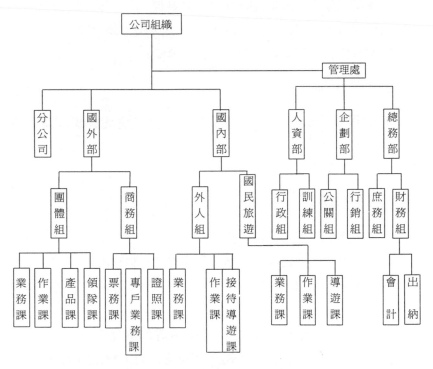

圖2-1 旅行業的組織參考範例

組織功能架構（見圖2-2）如下：

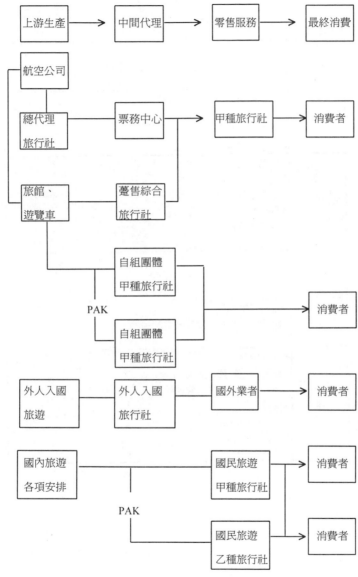

圖 2-2 旅行社功能別分類

旅行業各部門的職能（**見表2-6**）說明如下：

表2-6

職　能	主要任務或工作內容
產品部	1.產品的製作與管理、督導 2.領隊管理與派遣 3.特殊行程估價 4.出國作業手續
業務部	1.團體業務管理 2.跑區管理 3.應收帳款催收 4.客戶訴願 5.蒐集市場資訊 6.接受諮詢及銷售產品
票務部	1.國內票價查詢、訂位及開票
直客部	1.服務直接客戶 2.證照組服務旅客護照及簽證服務
管理部	1.進度控管 2.協助公司專案的推動 3.建立各部門報表、資料檔案 4.秘書工作 5.人力招聘作業 6.教育訓練 7.財會、總務

聯營（PAK）

俗稱PAK的聯營模式，源自日本旅行社針對聯合推廣Package Tour的組合而命名。

1.成立宗旨：由於市場競爭以及擴大空間之需求，有必要整合資源，充分利用資源、開拓通路管道之多元化，旅行社之間或旅行社與航空公司之間，以及旅行社與當地觀光資源共同結合，且針對不同特性之旅遊性質或旅遊團體做成市場推廣、聯合銷售、集中作業以及利益共享的聯營組織型態。

2.操作模式：
   ・統一操作：在PAK成員中選定一家旅行社為作業中心，通常會考慮其操作經驗豐富與否。採固定指派或輪流操作兩種方式。
   ・個別操作：PAK成員個別獨立出團，財務獨立，結合力量較單薄。

3.利潤分配：
   大致可分為實績分配、利潤均分及財務獨立等多種方式。
   ・實績分配：大部分PAK採此方式。係指依每家旅行社實際出團或成行的人頭數，分配應得的利潤。
   ・利潤均分：即不論各家成行人數多寡，一律均分。但須先繳交基金成本的合理底價。
   ・財務獨立：較單純，各自負責本身之財務結算，利潤盈虧。

4.組合成員：可分為Wholesaler族群、Retailer族群及Wholesaler搭配Retailer三種。
   ・Wholesaler族群：PAK成員的組織、陣容、操作能力均強。
   ・Retailer族群：甲種旅行業自力合組。
   ・Wholesaler搭配Retailer：即前者為主導，甲種旅行社則代銷其產品。

5.PAK組織運作企劃流程（見圖2-3）：

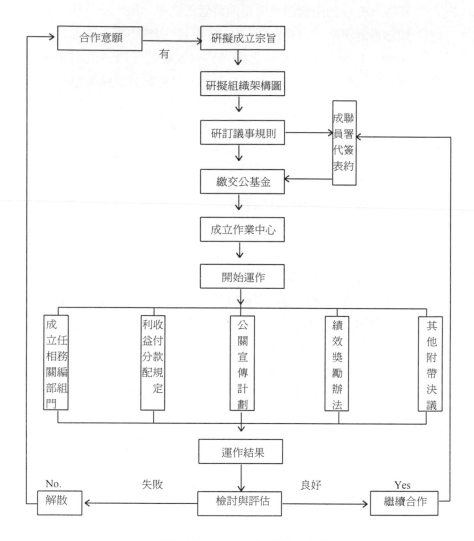

圖 2-3　PAK 組織運作企劃流程

6.PAK組織職能說明表（見表2-7）如下：

表 2-7

項目 組別	職　責　內　容
聯席 執行 會長	1.總監作業中心運作順暢。 2.協調各任務編組職責要項。
作業 中心	1.產品訂價策略(FIT，AGT/NET，PAK/NET，NETT)。 2.報名作業流程及訂金收取規則之訂定。 3.年度機位之訂定及異動情況之掌控。 4.LOCAL 之選定及報價作業。 5.領隊派遣規則之訂定。 6.團體結帳表之編製。 7.團體利潤分配表之編製。
監察 召集 組人	1.開會出席狀況之監督。 2.財務基金之監督。 3.PAK 成員市場售價之監視。 4.作業中心運作效率之監督。 5.作業中心公平性之監視。
財務 召集 組人	1.銀行開戶及內部控制作業。 2.收付款流程之訂定。 3.基金運作報告。 4.基金資金負債表之編製。
行銷 召集 組人	1.產品行程設計。 2.產品銷售策略分析。 3.產品說明會之規劃舉辦。 4.中心成員產品銷售訓練。
文宣 召集 組人	1.廣告計劃之擬訂。 2.行銷媒體預算之編製。 3.DM 及 BROCHURE 之印製。 4.團體出團配件、附件之訂製。
公關 召集 組人	1.對 PAK 內外對象統籌公關活動。 2.對 PAK 內外糾紛之排解調處。 3.凝聚 PAK 共識、塑造產品形象。 4.PAK 成員提案之蒐集、溝通、運作及反映。

參考資料： 1.李黛蒂，PAK 操作剖析，旅行家雜誌，1994.11 月號
2.新航紐澳假期 PAK 成員組織運作章程

三、旅行業申請籌設與註冊流程

在我國，旅行業為特許行業，必須先經過相關部門（觀光局）根據特許條件核准籌設之後，才得憑以向當地政府申請營業登記，始准營業。

旅行業申請籌設程序

1. 發起人籌組公司，由股東組成。
2. 覓妥營業處所，使得合於規定。
3. 向經濟部商業司辦理公司設立登記預查名稱。
4. 具備文件向觀光局申請籌設登記。
5. 觀光局審核籌設文件，並核准籌設登記。
6. 向經濟部辦理公司設立登記——應於核准籌設後兩個月內，辦妥註冊登記。

旅行業申請籌設登記流程及說明（見圖2-4）

申請註冊登記

1. 繳納註冊費及保證金，向觀光局申請註冊登記。
2. 由觀光局派員檢查營業處所是否符合規定，並核准註冊登記。
3. 向當地政府機關，申請營利事業登記證。
4. 向所屬省市觀光主管機關核備旅行業全體職員報備任職。
5. 逕向觀光局報備開業。
6. 正式開業。

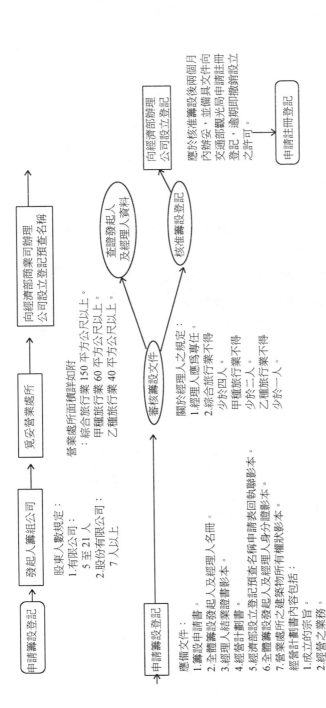

圖 2-4 旅行業申請籌設登記流程及說明

申請籌設登記 → 發起人籌組公司 → 覓妥營業處所 → 向經濟部商業司辦理公司設立登記預查名稱 →

發起人籌組公司：
股東人數規定：
1.有限公司：
　5 至 21 人
2.股份有限公司：
　7 人以上

覓妥營業處所：
營業處所面積詳如附：
綜合旅行業 150 平方公尺以上。
甲種旅行業 60 平方公尺以上。
乙種旅行業 40 平方公尺以上。

審核籌設文件 ← 申請籌設登記

應備文件：
1.籌設申請書。
2.全體籌設發起人及經理人名冊。
3.經理人結業證書影本。
4.經營計劃書。
5.經濟部設立登記預查名稱申請表回執聯影本。
6.全體籌設發起人及經理人身分證影本。
7.營業處所之建築物所有權狀影本。

經營計劃書內容包括：
1.成立的宗旨。
2.經營之業務。
3.公司組織狀況。
4.資金來源及運用計劃表。
5.經理人之職責。
6.未來三年營運計劃及損益預估。

審查發起人及經理人資料 → 核准籌設登記

關於經理人之規定：
1.經理人應為專任。
2.綜合旅行業不得
　少於四人。
　甲種旅行業不得
　少於二人。
　乙種旅行業不得
　少於一人。

向經濟部辦理公司設立登記

應於核准籌設後兩個月內辦妥，並備具文件向交通部觀光局申請註冊登記，逾期即撤銷設立之許可。

→ 申請註冊登記

註冊登記流程（見圖2-5）說明如下：

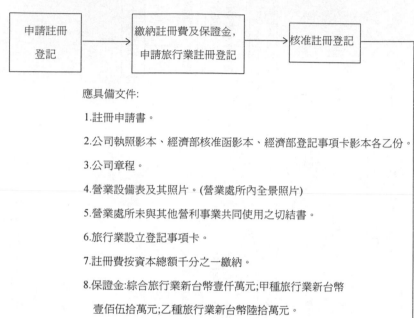

應具備文件:

1. 註冊申請書。

2. 公司執照影本、經濟部核准函影本、經濟部登記事項卡影本各乙份。

3. 公司章程。

4. 營業設備表及其照片。(營業處所內全景照片)

5. 營業處所未與其他營利事業共同使用之切結書。

6. 旅行業設立登記事項卡。

7. 註冊費按資本總額千分之一繳納。

8. 保證金:綜合旅行業新台幣壹仟萬元;甲種旅行業新台幣

　　壹佰伍拾萬元;乙種旅行業新台幣陸拾萬元。

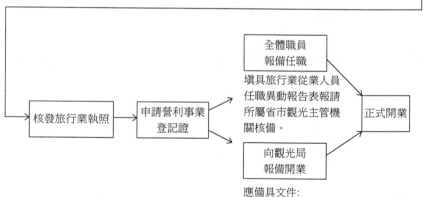

應備具文件:
1. 開業報告。
2. 營利事業登記證影本。
3. 旅行業責任保險及履約保險保單影本。

圖 2-5

我國旅行社經營現況

由於商業行為在謀取合理利潤，因此，我國旅行社雖依法規而分綜合、甲、乙種三類，但在實務經營上又區分多達七種以上，僅分別按法規類及實務類介紹之。

一、法規分類現況（見表2-8，2-9）

表 2-8 八十六年台灣地區旅行業統計

地區 家數 類別		綜　合 General		甲　　種 A		乙　　種 B		合　　計 Total	
		總公司 Main office	分公司 Branch office	總公司 Main office	分公司 Branch office	總公司 Main office	分公司 Branch office	總公司 Main office	分公司 Branch office
台北市	Taipei City	50	19	814	56	12	1	876	76
台北縣	Taipei Hsien	0	4	21	10	6	1	27	15
桃園縣	Taoyuan Hsien	0	19	59	48	4	1	63	68
基隆市	Keelung City	0	0	0	3	0	0	0	3
新竹市	Hsinchu City	0	8	16	18	1	0	17	26
新竹縣	Hsinchu Hsien	0	0	2	5	0	0	2	5
苗栗縣	Miaoh Hsien	0	0	12	14	0	0	12	14
花蓮縣	Hualien Hsien	0	5	10	8	1	0	11	13
宜蘭縣	Ilan Hsien	0	0	8	5	3	0	11	5
台中市	Taichung City	4	36	111	74	8	2	123	112
台中縣	Taichung Hsien	0	1	19	12	1	0	20	13
彰化縣	Changhua Hsien	0	5	30	10	3	0	33	15

續表2-8 八十六年台灣地區旅行業統計

地區 家數 類別		綜　合 General		甲　種 A		乙　種 B		合　計 Total	
		總公司 Main office	分公司 Branch office	總公司 Main office	分公司 Branch office	總公司 Main office	分公司 Branch office	總公司 Main office	分公司 Branch office
南投縣	Nantou Hsien	0	1	7	16	0	0	7	17
嘉義市	Chiayi City	0	4	22	17	1	0	23	21
嘉義縣	Chiayi Hsien	0	0	1	3	2	0	3	3
雲林縣	Youlin Hsien	0	3	8	6	0	0	8	9
台南市	Tainan City	3	21	68	31	3	0	74	52
台南縣	Tainan Hsien	0	1	7	11	0	2	7	14
澎湖縣	Penghu Hsien	0	1	4	4	12	3	16	8
高雄市	Kaoshiung City	18	24	187	84	12	0	217	108
高雄縣	Kaoshiung Hsien	0	1	8	3	1	0	9	4
屏東縣	Pingtung Hsien	0	1	7	10	1	0	8	11
金門縣	Kinmen Hsien	0	0	3	9	11	1	14	10
連江縣	Lianjiang County	0	0	0	1	0	0	0	1
台東縣	Taitung Hsien	0	1	4	4	2	0	6	5
總　計	Total	75	155	1,428	462	84	11	1,587	628

表 2-9　八十一年至八十六年中華民國國民出國人數統計
Outbound Departures of Nationals of the Republic of China, 1992-1997

首站抵達地或 主要目的地 First or Main Destination	八十一年 1992	八十二年 1993	八十三年 1994	八十四年 1995	八十五年 1996	八十六年 1997
香　港 Hong Kong	1,747,404	1,934,831	1,745,182	1,909,593	2,135,092	1,948,356
日　本 Japan	748,112	737,100	676,944	498,565	600,146	651,597
韓　國 Korea	302,184	131,392	122,853	100,959	93,602	88,244
新加坡 Singapore	220,306	255,542	324,133	336,954	287,215	284,381
馬來西亞 Malaysia	136,248	169,090	170,395	200,611	221,639	245,599
泰　國 Thailand	359,827	462,823	415,005	402,828	372,005	343,182
菲律賓 Philippines	139,099	190,748	173,321	184,129	184,294	200,097
印　尼 Indonesia	110,560	135,729	181,351	168,840	212,884	202,095
沙烏地阿拉伯 Saudi Arabia	-	-	-	-	-	873
汶　萊 Brunei	-	-	-	-	-	4,452
越　南 Vietnam	-	-	-	-	-	146,627
澳　門 Macao	-	-	-	-	-	498,090
緬　甸 Myanmar	-	-	-	-	-	8,867
帛　琉 Palau	-	-	-	-	-	5,355
其　他 Others	30,661	72,387	153,781	300,405	280,377	385
亞洲地區 Asia　合　計 Total	3,794,401	4,089,642	3,962,965	4,102,884	4,387,254	4,628,200
美　國 U.S.A	286,966	371,750	453,924	522,910	579,488	588,916
加拿大 Canada	32,776	43,392	62,166	68,805	92,223	116,651
阿根廷 Argentian	821	281	281	0	0	-
巴　西 Brazil	29	205	163	0	0	-
其　他 Others	86	398	1,469	833	2,825	-
美洲地區 AMERICA　合　計 Total	320,678	416,026	518,003	592,548	674,536	705,567
比利時 Belgium	8	33	25	0	0	-
法　國 France	415	4,720	23,436	20,457	26,506	24,477
德　國 Germany	334	1,439	5,102	23,707	39,658	46,387
義大利 Italy	129	77	258	7,391	15,661	16,564
荷　蘭 Netherlands	25,104	23,044	18,115	28,804	30,982	47,799
瑞　士 Switzerland	124	18	29	6,215	10,226	12,829
奧地利 Austria	8,430	6,473	7,023	10,489	0	
希　臘 Greece	4	0	3	0	0	
西班牙 Spain	135	96	71	0	0	
英　國 U.K	819	10,250	11,348	36,505	42,202	39,466
其　他 Others	227	242	169	224	0	-
歐洲地區 EUROPE　合　計 Total	35,729	46,392	65,579	133,792	165,235	187,522

續表 2-9　八十一年至八十六年中華民國國民出國人數統計
Outbound Departures of Nationals of the Republic of China, 1992-1997

首站抵達地或 主要目的地 First or Main Destination		八十一年 1992	八十二年 1993	八十三年 1994	八十四年 1995	八十五年 1996	八十六年 1997
大洋洲 OCEANIA	澳大利亞 Australia	38,481	74,251	105,205	110,749	60,335	34,882
	紐西蘭 New Zealand	7,870	12,122	14,380	28,210	50,150	49,398
	其　他 Others	216	124	77	0	0	0
	合　計 Total	46,567	86,497	119,662	138,959	110,485	84,280
非洲地區 AERICA	奈及利亞 Nigeria	4	6	5	0	0	-
	南　非 S.Africa	17,234	15,673	15,019	14,062	15,283	1,387
	其　他 Others	121	200	77	0	0	
	合　計 Total	17,359	15,879	15,101	14,062	15,283	1,387
其　他 Others		0	0	63,124	206,413	360,742	554,976
總　計 Grand Total		4,214,734	4,654,436	4,744,434	5,188,658	5,713,535	6,161,932

二、實務經營概況

航空公司總代理

　　所謂總代理之權源自General Sales Agent（簡稱GSA），意謂
航空公司授權各項作業及在台之業務推廣的代理旅行社，也就是
航空公司負責提供機位，GSA負責銷售之總責，一般以離線
（OFF-LINE）之航空公司為常見之型態，或是一些航空公司僅將
本身工作人員設置於旅行社中以便利共同作業，來節約經營成本
和節制管理流程，其中以外籍航空為例較多。但亦有由航空公司
授權予旅行社，全程以航空公司型態經營。

出國團體薑售旅行社（Tour Wholesaler）

以籌組海外團體旅遊套裝行程為產品主力，並供下游零售旅行社代銷，其行程設計力及量販銷售機動力要強，是為其特色，並在業務與作業兩單位中間設有線控人員，以控管團隊出發與否、人數調整、合團談判之機制單位是其特色：

1. 以長程線為主：飛航行程在4小時以上之旅程安排。
2. 以短程線為主：一般指含有日本、韓國等地的北線以及包含馬、新、菲等地之南線。
3. 以大陸線為主：以旅遊大陸地區之全備旅程、商務旅行、探親機票為營業主軸者。

自產自銷之直客旅行社（Tour Operator Direct Sales）

就是自行籌組規劃出國團體，直接向消費者招徠，而有些為因應市場競爭，也會採取聯合操作出國之情況，我們稱作PAK，一般而言，團體收入與票務收入的業務比重，兩者之間是相當的，此外，因為直客很強，所以在票務方面的服務也很專業。

1. 以團體旅遊為主之旅行社。
2. 以票務銷售為主之旅行社（Ticketing Consultation Center）：並非唯一的型態，可能是多家指定，所以又稱分代理，而因為是分代理，所以也可能同時代理數家，主要功能是以量制價。
3. 簽證中心：代辦各家旅行社外送之簽證，以集中零星件數統一送件來節省各家旅行社在經營規模不一的情況下為簽證辦件量不足的損耗。

代銷之零售旅行社

大致上不做籌組之工作，除非整團承攬，否則多為代銷現成產品，經營之機動性較高。例如以商務旅客、國內機票、國際旅館之代售為其營運主體。

1. 國外旅館代訂業務中心：近期亦從單一代理而發展成多家代理，以擴充經營績效，增加選擇機會，降低費率。
2. 國外旅行社在台代理：即所謂在國外之LOCAL AGENT設在台灣之辦事處，亦以旅行社之組織出現，並承接大型獎勵旅遊之操作。
3. 代理旅遊局：類似公關行銷之功能，由旅行社代理國外旅遊局在台推廣工作，但並非唯一功能。

In-Bound業者

以專門接待來華旅客為其業務主體，因In-Bound與Out-Bound性質差異較大，故有獨具In或Out之情事，該類In-Bound業者又概分英語系、日語系、韓語系及僑胞系之分類。

國民旅遊

國民旅遊不但市場方興未艾，且在周休二日實施後更具潛力，國內早有若干旅行社只單純的操作國民旅遊，主要為安排國人在島內旅遊之服務，除了與遊覽車公司配合之外，最近也與航空公司或鐵路局或台汽公司合辦假日旅遊籌組之團體，也走向國外旅遊之經營趨勢，有系列團、外島團、散客及半自助旅遊（Coupon System），一般之規模不大，有的則是歸屬於大型公司架構下之一獨立部門。

以完全旅行業（Full Service）之組織結構

此類公司之經營多朝國際化邁進，其管理部門之獨立功能，為其強調重點。在標準作業流程（Standard Operation Procedures，簡稱S.O.P.）及電腦全面化上著墨較豐，為現代化旅行業經營之組織型態，由於其部門龐大，為落實其經營效益，亦多採利潤中心制。

問答題

1.試述綜合／甲種／乙種旅行社創立條件之差異？

2.國內旅行社之實務分類？

3.旅行社申請之相關表件為何？

4.旅行社申請之註冊費為多少？

5.簡述旅行社申請流程？

6.旅行社之立地條件為何？

7.旅行社之設立其時間條件為何？

實務演練

1.各大旅行社之參訪。

2.以自組旅行社為例填寫各項申請表格。

3.Role-Play演練各級單位及申請流程。

第三章

出國
手續

- 出國手續之基本流程
- 相關手續規定
- 其他相關事項

本章目的

➤ 瞭解出國手續之八大流程：部會核准、護照與出境證、各國簽證。
➤ 機票購買與訂位要件、檢疫與衛生證明、結匯、旅遊保險與機場通關。
➤ 瞭解不同身分人士如何辦理護照與出境證。
➤ 瞭解各國簽證的種類、申請途徑及使用辦法。
➤ 介紹國際機票之基本常識與使用辦法。
➤ 介紹出國檢疫之防患與衛生安全。
➤ 瞭解旅遊安全與旅遊保險之法律關係。
➤ 機場通關的P.V.T.。

本章重點

➤ 出國手續的個人準備。
➤ 完善的出國手續是旅行平安的保障。
➤ 不要讓自己的權益睡著了，瞭解出國程序你我他。
➤ 從文字中瞭解實況，從圖形中模擬實境。

關鍵語

➤ P.V.T.：指出入國境所需之旅遊證件，分指Passport，Visa，Ticket.
➤ C.I.Q.：指出入國境之通關流程，分指Customer，Immigration，Quanantine.

➤出境證：國人進出我國國境之許可書，除特殊身分者外，目前已與護照結為一體。

➤護照：由我外交部出具，國人在國際旅行之身分證明文件。

➤簽證：擬進入他國時，事先獲得對方同意入境之許可證明。

➤票務：一般指搭乘國際航班所使用之票券，內記載航點、航班、價格及效期。

➤檢疫：各國邊關為防止國際旅客或流通之貨物，帶來感染病菌所設立之檢查站。

➤機場通關：指檢查貨物之Customer，檢查旅行證件之Immimgration。檢查病疫之Quanantine。

➤訂位與票務：出國搭乘之交通工具所需之票券稱為票務（Ticketing)為搭乘而預訂座位，稱為訂位（Reservation），目前在航空交通運輸上都使用CRS（Computerise Reservation System)旅客必須取得訂位記錄PNR（Passenger Name Record）才能登機搭乘。

國際間的旅行，由於不單只是一種越過政治地緣的移動，同時也牽涉到國際法律與各國政治體制，所以，出國時必須辦理至為複雜之手續，諸如護照申辦、簽證申請、檢疫證明以及國外旅遊之安排均應完備，且有其先後順序之考量，才不致於徒勞無功或是往來耗時，以下按出國手續之流程、相關規定、與旅遊手續相關事項，分述於後。

出國手續之基本流程

　　我國之出國手續原本只有出境許可，身分護照申請及國外入境許可「簽證」等三項，但是近期因使用證照合一，把流程縮減且把護照種類簡化，使得出國旅行手續更便利，但由於我國地處海島且政治位置趨於國際化，因此健康證明及訂購國際機票也是必備手續，再加上機場通關之瑣細，合而為八大流程，略述於下。

一、國人出國手續八大流程

部會核准

　　只有特殊身分者，如軍公教首次出國，屆齡役男出國，或移民身分之申請，必先由相關部門核准，方可進行外，餘皆直辦護照即可。

申請出入境證

　　出入國門之許可申請，已經與護照功能結為一體。

申辦護照

所謂護照，猶如身分證明，是各國政府發給其國民到國外旅行的證件，以供邦交國互相認證，並居於外交條款下給予保護。

申辦簽證

猶如進入他國的入境許可，等於拜訪他國，必事先獲得許可，再根據這份許可，入境無礙，基於旅行之原因眾多，而有不同種類之簽證。

申購機票

國外旅行以空運交通最快速便捷，由於也牽涉跨國航權，衍生複雜的交通權與匯率問題，因此也大多交由旅行社處理，不但便利，且可享有較優惠的價格。

檢疫

各國為控制跨越國界之人與物產之健康，與杜絕病菌之流傳，而有檢疫之要求。

結匯

為便利出國消費，政府開放國人結匯額度至每年500萬美金，可以現金、旅行支票、或匯票形式結匯，各大外匯銀行均可辦理結匯。

出國通關

俗稱C.I.Q.，即護照檢查，檢疫工作及海關通行，一般需以P.V.T.即護照（Passport）、簽證（Visa）及機票（Ticket）之證件來辦理。

二、申辦步驟流程

1. 除有限制身分之人員外，一般人民請逕行申請機器可判讀護照MRP（Machine Read Passport），其中並包括了有出入境許可功能的條碼。
2. 辦理國外安排手續，可同步進行申辦簽證，預訂機位或購買套裝行程（訂團）。
3. 出國前七天辦理必要之檢疫、結匯、申購機票或償付團費。
4. 出國日攜P.V.T.赴機場，辦理通關手續C.I.Q.。
5. 注意事項：
   ・各步驟除特殊身分者外，一般人民可直接辦理護照。
   ・預定國際機位，或預購套裝團體，均可提早在流程之前進行，並不悖程序。（見圖3-1）

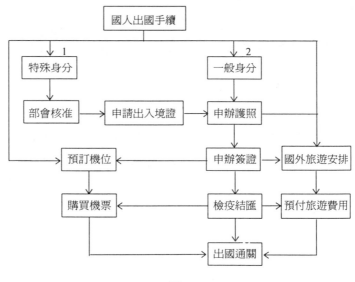

圖 3-1

相關手續規定

本節介紹五項必備手續，即護照、出境許可、簽證、健康證明及機票訂購之相關規定，並將外人入國、澳港僑胞來台及大陸人士來台等項，併入「簽證」類介紹。

一、護照

護照之定義

1. 指通過國境（機場、港口或邊界）的一種合法身分證件。
2. 由一國的主管單位（外交部）所發給的證明文件，予以證明持有人的國籍與身分，並享有國家法律的保護，且准許通過其國境。
3. 前往指定一些國家時，以互惠平等之原則給予持有者必要之協助。
4. 凡欲出國的旅行者，都必先取得本國有效的護照。

護照的種類

1. 外交護照（Diplomatic Passport）：是指發給外交使領館人員及其眷屬或因公赴外負有外交任務之人員及其眷屬，其有效期為三年。
2. 公務護照（Official Passport）：是指發給政府的公務人員或各級民意代表，因公派往國外開會、考察或洽公等人員，其

有效期為三年。

3.普通護照（Ordinary Passport）：是指一般人民申請出國所發給之護照。其有效期為六年。

護照之申請之必備文件

1.護照申請書一份。

2.照片三張（二吋光面脫帽正面半身三個月內拍攝者，貼一張，浮釘二張）具軍警身分者，請勿穿著軍警服及戴墨鏡。

3.國民身分證影本一份（附貼於申請書上，未請領身分證者，附戶口名簿影本一份）。

4.國民身分證正本（驗畢退還，十四歲以下未領身分證者，附戶口名簿正本或最近六個月內戶籍謄本正本）。

5.護照費新台幣壹仟貳佰元整。【新訂大本（頁）為壹仟伍佰元整。】

6.其他文件：

・未成年人應附父母親或監護人同意書（未成年子女出國同意書）但父或母或監護人親自代申請者免附。

・後備軍人初領護照應將申請書及身分證先送後備軍人櫃檯審查。

・35歲以下國民兵附國民兵證明書正本（驗畢退還）。

・有效或逾期六個月尚未截角註銷之舊護照。

・87年6月26日起，役男在未徵召前得以每年出境一個月，只要向戶政事務單位申辦查驗單（三個月有效）即可申辦。

申請護照（及入出境許可）之地點

外交部領事事務局
台北市濟南路一段2-2號3樓（行政院聯合辦公大樓）

普通護照及入出境許可之使用及效期

普通護照分長期效期及短期效期，長期效期為六年。「入出境許可」加印條碼，附貼於護照「回台加簽」欄上，以利出入境刷卡查驗，並可多次使用，效期屆滿，如有入出境必要應重新申請，其入境效期與護照效期相同。

出境效期區分如下：

1. 長期許可：同時申請護照或延期加簽者，給予六年有效，僅申請「入出境許可」者，給予至原護照截止之日，乃適用於無兵役義務或已服完兵役者。

2. 短期許可：
   - 10歲至15歲，屆滿15歲當年12月31日止。
   - 接近役齡男子（16～18歲），役男（19～35歲）：中央主管機關核准文件上註明有出入境日期者至入境之日止，但最長均不得逾三個月。（87年6月26日起，僅需向戶政單位兵役科申報即可，不需再經部門核准）
   - 由海外回國之僑民役男：至台居留計算屆滿一年之前一日止。
   - 假釋，保護管束人：至主管機關核准文件上註記之入境日期止。
   - 由台出境返台之役男，接近役齡男子合再出境規定者：自入境之日起四個月止。

．護照發放仍給予六年，但入境許可則另行受以上限制。

（見圖3-2）

P<TWNSUN<<SUNG<YAO<<<<<<<<<<<<<<<<<<<<<<<<<<<
M103469456TWN8407188M0104115F126179980<<<<04

圖3-2 屆齡役男其護照效期與入出境許可效期不同，
乃受短期入出境之規定所限制

護照遺失之處理與申請

1. 護照在國內遺失或被竊者：可向外交部申請補發。申請補發護照應檢同警察機關遺失報案之證明文件，護照遺失或被竊補發申請表，以及申請護照所需一般申請表件，始予受理。如所遺失之護照係由駐外使領館或外交部授權機構所發者，外交部於受理後，另函（電）請有關駐外使領館或外交部授權機構查報憑辦。

2. 護照在國外遺失或被竊者：應向附近之使領館或外交部授權機構申請補發。申請補發時應檢繳該護照遺失作廢聲明剪報、當地治安機構報案證明、護照遺失或被竊補發申請表以及一般申請護照所需表件，其受理補發護照使領館或外交部授權機構，如係為其遺失護照簽發之同一使領館或機構，得經查實後，另行簽發新照，其所遺失之護照如係外交部簽發或其他使領館或外交部授權機構簽發者，由受理申請補發之使領館或機構函（電）請外交部或原發照之機構查明並於核對相片無誤後，復告辦理。

3. 持照人曾在我駐外使領館或外交部指定之機構辦理護照登記者於到達目的地後，護照如經遺失，原受理護照登記之機構得依據登記資料逕行補發新照。

二、入出境管理及相關規定

憲法賦與人民有居住、遷徙之自由，但為維持社會秩序或增進公共利益所必要，得以法律限制之。如「國家安全法」第3條規定：人民入出境，應向內政部警政署入出境管理局申請許可。未

經許可者，不得入出境。

限制出境之範圍

1.各級司法、軍法機關通知禁止出境者及通緝犯。
2.財政部通知因欠、漏稅禁止出境者。
3.調查局通知因重大經濟犯罪禁止出境者。
4.刑事警察局通知因重大刑事案件禁止出境者。
5.依兵役法令規定限制出境之役男。

入出境許可條碼的功用

1.身分鑑別：「天」──軍警，「地」──公務員、教師，
「人」──民意代表、一般人民。
2.條碼：入出境簽證查驗快速掃讀資料，查核有無管制、護照
是否有效，加速通關流程，減少旅客排隊久候。
3.役別：區分「後備軍人」、「役男」、「接近役齡」、
「無」。
4.出境效期：後備軍人及無兵役義務者與護照效期同，其他依
相關法令個別核給效期。在有效期間內可多次出境。
5.回台加簽：中英文對照與護照同效期，在效期內可隨時入
境。

三、役男特殊原因出國審查標準表（見表3-1）

表 3-1 役男特殊原因出國審查標準表

區別	特 殊 原 因	主管機關	證 明 文 件
役男 (年滿十八歲之年一月一日起屆滿三十五歲之年十二月三十一日止)	一、奉派出國服務、參加國際會議、考察、訪問、接洽業務、比賽、表演、進修、研究、受訓或實習者。	派遣單位之中央主管機關	由派遣單位直接陳報。
	二、父或母為外交人員、未成年之子女隨其父母赴任所者。	外交部	外交部函詢境管局意見辦理。
	三、直系血親或配偶病危或死亡，必須前往探病或奔喪者。	探病：內政部 奔喪：入出境管理局	外交部電文或經駐外機構、當地僑領調查證明屬實之當地就醫醫院診斷或死亡證明。
	四、國輪船員前往國外上船者。	交通部	受雇公司之證明函件。
	五、漁船船員前往國外上船。	農業委員會	漁業公司之證明函件。
	六、上商船實習之學生。	交通部	肄業學校、訓練單位之證明函件。
	七、上漁船實習之學生。	農業委員會	肄業學校、訓練單位之證明函件。
	八、出國考察、研究、講習、訪問、參加比賽、表演等國際性活動者。	中央主管機關	一、經我駐外機構簽證或外國政府機關或國際組織之邀請函 二、縣市政府出具之役男出境查證單。

四、簽證

簽證（Visa）是指本國政府發給持外國護照或旅行證件的人士，允許其合法進出本國境內的證件。

外籍人士進入我國之簽證類別

擬申請進入我國之簽證區分為：外交簽證（Diplomatic Visa）

、禮遇簽證（Courtesy Visa）、停留簽證（Stopover Visa）、居留簽證（Residence Visa）四種，現將我國現行簽證類別與規定茲說明如下：

1. 外交簽證（Diplomatic Visa）：

   適用範圍：適用於持外交護照或其他旅行證件之下列人士：

   ・外國正、副元首；正、副總理；外交部長及其眷屬。

   ・外國政府駐中華民國外交使節、使領人員及其眷屬與隨從。

   ・外國政府派遣來華執行短期外交任務之官員及其眷屬。

   ・因公務前來由中華民國所參與之政府國際組織之外籍正、副行政首長等高級職員及其眷屬。

   ・外國政府所派之外交信差。

   簽證效期與停留期限：對於以上人士，得視實際需要，核發一年以下之一次或多次之外交簽證。

2. 禮遇簽證（Courtesy Visa）：

   適用範圍：適用於持外交護照、公務護照、普通護照或其他旅行證件之下列人士：

   ・外國卸任之正、副元首，正、副總理，外交部長及其眷屬來華做短期停留者。

   ・外國政府派遣來華執行公務之人員及其眷屬。

   ・因公務前來由中華民國所參與之政府國際組織之外籍職員及其眷屬。

   ・應我政府邀請或對我國政府有具體貢獻之外籍社會人士，及其家人來華短期停留者。

   簽證效期與停留期限：對於以上人士，得視實際需要，核發效期及停留期間各一年以下之一次或多次之禮遇簽證。

3.停留簽證：（見表3-2）

表 3-2

適用對象	適用於持普通護照或其他旅行證件，因過境、觀光、探親、訪問、研習、就學、洽商或從事其他事務，而擬在中華民國境內作六個月以下停留之外籍人士。
應備文件	1.所持護照效期應有六個月以上。 2.填妥之簽證申請表乙份暨照片乙張。 3.來回機船票或購票證明文件。 4.來華目的證明文件。 5.其他相關文件。
簽證效期	1.對於定有互惠協議國家之人民，依協議之規定辦理。 2.其他國家人民，一般停留簽證效期為三個月至一年。
停留效期	1.十四天。 2.三十天。 3.六十天。
費　　用	1.依互惠協議訂有免收簽證規費之國家，其國民簽證免費。 2.其他國家人民之停留簽證為： 　單次入境：新台幣一千元(得以折合美金付費)。 　多次入境：新台幣二千元(得以折合美金付費)。
備　　註	停留期限為六十天且無「不得延期」字樣註記者，抵華後倘須作超過六十天之停留，得於期限屆滿前，檢具有關文件向停留地縣、市政府警察局申請延長停留，每次得延期六十天，以二次為限。

4.居留簽證：（見表3-3）

表 3-3

適用對象	適用持普通護照或其他旅行證件，因依親、就學、受聘僱、投資、傳教或從事其他事務，而擬在中華民國境內作六個月以上停留之外籍人士。
應備文件	1.所持護照效期應有六個月以上。 2.填妥之簽證申請表乙份暨照片乙張。 3.來華居留證明文件或中華民國相關主管機關核准公文。 4.其他相關文件。
簽證效期	一般居留簽證效期為三個月。
居留效期	持居留簽證來華者，須於入境後十五天內向居留地縣、市政府警察局申請外僑居留證。居留效期則依所持外僑居留證所載期限。
費　　用	1.依互惠協議訂有免收簽證規費之國家，其國民簽證免費。 2.其他國家人民之居留簽證(單次入境)費為新台幣一千八百元(得以折合美金付費)。
備　　註	外籍人士已受聘僱為申請居留簽證，倘係應聘於跨國企業，得申請將原持駐外單位核發之停留簽證在華逕行改辦居留簽證。另自八十六年五月一日起試辦一年，非跨國企業聘外籍人士得檢具非跨國企業僱主於外籍人士來華前已擬聘僱之證明函，將原持停留簽證在華改辦居留簽證。上述規定以落地簽證或免簽證方式入境者以及外籍勞工均不適用。

5.外國人免簽證規定：（見表3-4）

表3-4 外國人免簽證規定

適用對象	澳大利亞、奧地利、比利時、加拿大、哥斯大黎加、法國、德國、義大利、日本、盧森堡、紐西蘭、荷蘭、葡萄牙、西班牙、瑞典、英國、美國等十五國旅客。
應備要件	1.所持護照效期應有六個月以上。 2.回程機(船)票或次一目的地之機(船)票及有效簽證。其機(船)票應訂妥離境日期班(航)次之機(船)位。 3.經我機場(或港口)查驗單位查無不良紀錄。
停留期限	十四天，期滿不得延期。
適用入境地點	桃園中正國際機場、高雄小港國際機場、基隆港、花蓮港、台中港、高雄港

6.外國人落地簽證規定：（見表3-5）

表3-5 外國人落地簽證規定

適用對象	澳大利亞、奧地利、比利時、加拿大、哥斯大黎加、捷克、法國、德國、匈牙利、義大利、日本、盧森堡、紐西蘭、荷蘭、波蘭、葡萄牙、西班牙、瑞典、瑞士、英國、美國等廿國旅客。
應備要件	1.所持護照效期應有六個月以上。 2.回程機票或次一目的地之機票及有效簽證。其機票應訂妥離境日期班次之機位。 3.填妥簽證申請表、繳交相片一張。 4.簽證費新台幣一千五百元(依互惠協定免收簽證費國家則免繳)。 5.經我機場查驗單位查無不良紀錄。
停留期限	三十天，期滿不得延期。
適用入境地點	桃園中正國際機場、高雄小港國際機場。
辦理方式	1.自桃園中正國際機場入境者，請至外交部領事事務局中正國際機場辦事處辦理。 2.自高雄小港國際機場入境者，可先向航空警察局高雄分局申領「臨時入境許可單」入境，入境後三日內，須持憑該許可單至外交部領事事務局或領事事務局高雄辦事處申請換發正式簽證，逾期未辦理者依行政執行法規定處罰。

僑民及港澳人士申請入出境規定

1. 華僑身分之界定。
2. 短期居留。
3. 長期居留：

- 有直系血親及配偶或兄弟姐妹在台灣地區設有戶籍者。
- 參加僑社工作且對僑務有貢獻者。
- 在台灣地區有新台幣一仟萬元以上之投資者。
- 匯入等值新台幣一仟萬元以上並存款滿一年者。
- 華僑在國外執教、研發新興學術或具有特殊技術與經驗，經中央目的事業主管機關延聘回國者（簡稱專業人才）。專業人才之配偶及未成年子女得隨同申請。
- 以國人身分回國就學、畢業回僑居地服務滿兩年以上者。
- 華僑投資或技術合作事業聘僱之技術員工。
- 本國企業聘僱之一級主管以上人員。
- 經政府機關或公私立大專院校任用或聘僱者。
- 於中華民國80年6月1日以前持外國護照入境後未曾離境，已領有外僑居留證者。
- 配偶之父母在台灣地區設有戶籍之港澳居民。
- 香港或澳門分別於英國或葡萄牙結束其治理前，參加僑教或僑社工作有特殊貢獻之港澳居民。
- 在特殊領域之應用工程技術上有成就之港澳居民。
- 具有專業技術能力，並已取得港澳政府之執業證書或學術、科學、文化、新聞、金融、保險、證券、期貨、運輸、郵政、電信、氣象或觀光專業領域有特殊成就之港澳居民。

- 在台灣地區有新台幣五百萬元以上之投資，經中央目的事業主管機關核准或出具證明之港澳居民。
- 匯入等值新台幣五百萬元以上，並存款滿一年，附有外匯銀行證明之港澳居民。
- 對政府推展港澳工作及達成港澳政策目標具有貢獻，經行政院設立或指定機構或委託之民間團體出具證明並核轉行政院大陸委員會會同相關機關審查通過之港澳居民。
- 依公司法設立之公司，經認許之外國公司或經備案之外國公司代表人辦事處聘僱之主管或專門性及技術性人員之港澳居民。

4.僑生：
- 在學期間長期居留。
- 僑生寒暑假出入境。
- 僑生因特殊事故申請出境。
- 僑生休學出境。
- 僑生復學入境。
- 僑生退學出境。
- 僑生畢業出境。

大陸地區人民申請入出境規定

1.大陸地區人民有下列情形之一者，得申請在台灣地區定居：
- 台灣地區人民之直系血親及配偶，年齡在七十歲以上、十二歲以下者。
- 民國34年後，因兵役關係滯留大陸地區之台籍軍人及其配偶、直系血親卑親屬及其配偶。
- 民國38年政府遷台後，因作戰或執行特種任務被俘之前國

軍官兵及其配偶、直系血親卑親屬及其配偶。

・民國38年政府遷台前，以公費派赴大陸地區求學人員及其配偶、直系血親卑親屬及其配偶。

・民國38年政府遷台前，赴大陸地區之台籍人員，在台灣地區原有戶籍且有直系血親、配偶或兄弟姊妹者。

・民國76年11月1日前，因船舶故障、海難或其他不可抗力之事由滯留大陸地區，且在台灣地區原有戶籍之漁民或船員。

2.大陸地區人民有下列情形，亦得申請在台灣地區居留：

・台灣地區人民之配偶，結婚已滿兩年或已生產子女者。

・其他基於政治、經濟、社會、科技或文化之考量，經主管機關認為確有必要者。

國人出國申請簽證種類

除了我國現行簽證外，國人赴海外旅行之簽證實務運作上分類如下：

1.依種類分移民簽證（Immigration Visa）與非移民簽證（Non-Immigration Visa）：以美國為此類之代表，通常申請移民簽證之目的是取得該國之永久居留權，並在居住一定期間後可以歸化（Nationalized）為該國之公民（Citizen）目前國人移民海外多為美國、加拿大、紐西蘭、澳洲、南非等地方。而在美國非移民簽證是指旅客前往美國的目的是以觀光、過境、商務考察、探親、留學或應聘等而言。

2.依使用次數分一次入境簽證（Single Entry Visa）與多次入境簽證（Multiple Entry Visa）：所得到之Visa在有效期間內僅能單次進入者，方便性較低。而若能在簽證和護照有效期

內多次進入簽證給與國，較為便捷。

3.個別簽證（Individual Visa）和團體簽證（Group Visa）：由於我國出國旅行人口大量增加，但是和國際間有正式外交關係的國家並不多，對簽證之需求甚高，觀光目的國為了便利作業，常要求旅行團以列表方式一起送簽，此種簽證方式之優點，在於省時且獲准之機率較高，但有其使用上之限制，必須整團之行動應和遊程相同，全團必須同進出成單一體。

4.入境簽證與過境簽證：有若干國家因停留時間長短而分有入境與過境兩種，都需事先申請，如日本有過境15天簽證，香港有48小時過境簽證。

5.落地簽證（Visa Granted Upon Arrival）：即在到達目的國後，再獲得允許入境許可的簽證，此種方式通常發生在和我國無邦交的國家中，如埃及就是一個例子。在運作中，旅行業需事先將前往該國旅行之團體（或個人）之基本資料先送審查，（通常透過當地之代理商）並在團體出發前應先收到將給與簽證之電文以利機場航空公司之作業（俗稱O.K. BOARD即指OK For Boarding）。

6.登機許可（O.K. BOARD）：團體在出發前往目的國之前倘未及時收到該目的國核發之簽證，但確知已核准且等待在對方機場，此時可以請求代辦團簽之航空公司發一則電傳Telex（不可用FAX）告知簽證已下來之狀況給團體擬定搭乘之航空公司機場作業櫃檯以利團體之登機作業和出國手續之完成，此種通稱為O.K. BOARD。

7.免簽證（Visa Free）：有些國家對友好之國家給與在一定時間內停留免簽證之方便，以吸引觀光客的到訪，如我國觀光客前往新加坡、韓國、南非等地均可享受免簽證之禮遇。

（見表3-6）

8. 過境免簽證（TWOV-Transit With Out Visa）：為了方便過境之旅客轉機之關係而給與一定時間之入境允許，如日本提供72小時之過境免簽證許可，並且在機場經航空公司佐證立即可以取得，極為方便。但限定必須是同一機場進出。

9. 登岸證（Shorepass）：供搭船旅客於抵他國國境24小時內之短暫停留之用。

表 3-6 接受台灣民眾免簽證之國家及地區

國　　家	效　　期	附　　註
印　尼	60 天	
新 加 坡	14 天	
馬來西亞	過境停留 72 小時	
韓　國	15 天	
澳　門	20 天	
斐　濟	4-6 個月	
馬爾地夫	30 天	
關　島	15 天	但必須是台灣直飛班機上的旅客
塞　班	1 個月	可在當地延長加簽 2 個月
帛　琉	7 天	
西薩摩亞	30 至 60 天	
美屬北馬利安群島	45 天	
密克羅尼西亞聯邦	90 天	
多米尼克	14 天	
格瑞那達	3 個月	
聖 文 森	1 個月	
聖露西亞	6 週至 3 個月	
聖克里斯多福	3 個月	
巴 哈 馬	60 天	
哥斯大黎加	30 天	
厄 瓜 多	60 天	
委內瑞拉	60 天	
秘　魯	90 天	
瓜地馬拉	30 天	
加 拿 大		若搭機經加國前往美國，可免過境簽證
烏 干 達	3 個月	

表 3-7 國外對我國國民給與落地簽證的國家或地區

國家或地區名稱	給 與 簽 證 有 效 期
孟 加 拉	由當地移民官核定
斯里蘭卡	由當地移民官核定
吐 瓦 魯	30 天
索羅門群島	3 個月
馬紹爾群島	30 天
馬 來 西 亞	14 天，但是必須持有馬國邀請函或前往投資、洽商的證明文件
尼 泊 爾	15 天至 30 天，需先提出資料，在當地取簽證
柬 埔 寨	30 天
萬 那 杜	30 天
巴布亞新幾內亞	60 天
汶 萊	過境停留 72 小時
拉脫維亞	需由我駐拉國代表處代為接洽
捷 克	30 天
希 臘	30 天
波 蘭	5-30 天
匈 牙 利	30 天
巴 拿 馬	30 天，但先得向航空公司索取觀光卡
牙 買 加	30 天
史瓦濟蘭	30 天
模里西斯	72 小時，但需由我駐外單位接洽辦理埃及及觀光是 30 天，商務則是 3 個月
布吉納法索	30 天
塞 席 爾	30 天
甘 比 亞	3 個月，但可以延兩次
約 旦	14 天
巴 林	7 至 30 天
土 耳 其	30 天
塞普勒斯	15 天
伊 朗	過境 48 小時

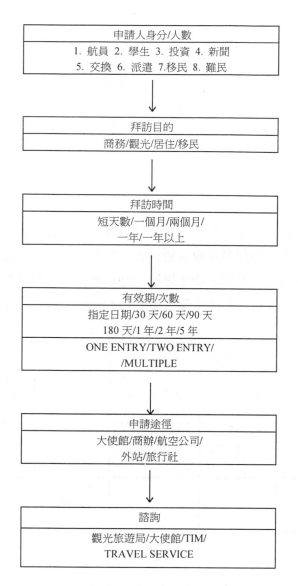

申請人身分/人數

1. 航員 2. 學生 3. 投資 4. 新聞
5. 交換 6. 派遣 7.移民 8. 難民

拜訪目的

商務/觀光/居住/移民

拜訪時間

短天數/一個月/兩個月/
一年/一年以上

有效期/次數

指定日期/30 天/60 天/90 天
180 天/1 年/2 年/5 年

ONE ENTRY/TWO ENTRY/
/MULTIPLE

申請途徑

大使館/商辦/航空公司/
外站/旅行社

諮詢

觀光旅遊局/大使館/TIM/
TRAVEL SERVICE

圖 3-3 簽證申請手續及流程圖

健康接種證明

　　為了降低旅客前往海外旅行萬一感染傳染病的危險，以及配合世界各國為預防傳染病的滲透，在國際機場及港口均設置檢疫單位（Quarantine Inspection）來執行，對國際間入出境的旅客，航機，船舶實施，旅客前往疫區國時，則必需實施接種。接種後所發的「國際預防接種證明書」（International Vaccination Certificate），由於其證明書為黃色的封面，故也稱為「黃皮書」。（見表3-9）

　　各國對入境旅客要求不同，隨時會變更。因此若安排旅客前往旅遊地區是疫區時，應告知旅客提前做預防工作，以確保旅客健康。目前，由行政院衛生署檢疫總所提供之預防接種，有黃熱病、鼠疫、霍亂及白喉破傷風、腦脊髓膜炎。（見表3-8）

表 3-8

	適用地區	接種時間	有效時間	費　用
黃熱病	105 個國家	10 天後有效	10 年	已有黃皮書者 1150 元，未有黃皮書者 1200 元
白喉破傷風	烏克蘭，俄羅斯聯邦	出國前 14 天七人以上集體接種		K 劑 85 元 每次至少 7 人
鼠　疫			副作用大 未接種	
流行性腦脊髓膜炎	中東及非洲內陸落後地區	出國前 7 天	3 年	已有黃皮書者 950 元，未有黃皮書者 1000 元
霍　亂	依世界衛生組織宣告而定	需注射兩劑相隔 7 天	4~6 個月(專家認爲無施打之必要)	已有黃皮書者 300+300 未有黃皮書者 350+300

表 3-9 國際預防接種申請書

行政院衛生署檢疫總所

旅客
航員 國際預防接種申請書　　　　　　No.＿＿＿＿＿

申請日期＿＿＿＿＿
Date

姓名＿＿＿＿＿＿＿＿　　　性別＿＿＿＿　出生年月日＿＿＿＿＿＿
Name　　　　　　　　　　Sex　　　　Date of Birth

國籍＿＿＿＿＿＿＿＿　　　目的地＿＿＿＿＿＿＿＿＿＿
Nationality　　　　　　　Destination

　　　　　　　旅客
　　　　　　（ Passenger ）
通訊處＿＿＿＿＿＿＿＿＿＿＿＿＿＿＿＿＿＿＿＿＿＿＿
Address　　　航員
　　　　　　（Crew)

申請項目：（請在□劃上「✓」號）
Application for: please put a mark with "✓" in the column

　　□ 簽發國際預防接種證書
　　　International Vaccination Certificate

　　□ 複種加簽
　　　Revaccination

申請人＿＿＿＿＿＿＿＿＿＿
Applicant　簽章 Signature

（本欄由施種人填寫）＿＿＿＿＿＿＿＿＿＿＿＿＿＿＿＿＿

接種種類	日期	疫苗批號	接種量	施種人

　　　　　　　　　　　　新
應繳規費：＿＿＿＿＿＿＿舊 證書號碼：＿＿＿＿＿＿＿

附註：＿＿＿＿＿＿＿＿＿＿＿＿＿＿＿＿＿＿＿＿＿

審核　　　　　　收費人員　　　　　　承辦人員

五、機票

　　台灣位居海島地形，出國旅遊必須跨海而行，搭乘飛機變成必要的捷徑。故旅客出國前必須備妥來回機票。

購買機票之必要條件

1.確認擬前往旅行的地點。
2.確認旅行的日期及間距。
3.對航空公司的選擇有無偏好。
4.願否增加限制以降低票價成本。
　　‧指定航空公司不再轉讓Non-Endorsable。
　　‧指定路線不再改變Non-Reroutable。
　　‧指定搭乘不再退票Non-Refundable。
　　‧限定班機ForAA-Flight Only。
5.12歲以下兒童有半價票，兩歲以下嬰兒（不佔座位），可購1/10票──均以出發日之年齡為準。

訂位

1.直接向航空公司電話訂位，取得訂位記錄。
2.經由旅行社使用CRS與航空公司連線，取得訂位記錄。

訂位變更

1.訂位可以在出發前變更，不收取任何費用，除非少數班機已有條件限制在前，或購買大陸包機線機票時會有問題，訂位前應詢問清楚，免受取消付費問題之干擾。
2.訂位之再認確（Re-Confirm），一般規定旅遊途中在一地停

留若超過72小時，乘客有義務向航空公司再確認確實搭乘該班機，否則航空公司有權取消你的訂位（若干航空公司的若干航段已取消此規定，如國泰航空）。

開票

1.向航空公司直接付款開票。

2.經旅行社開票可再享若干折扣。

3.一般機票若未曾使用，有364天（夜）之效期。

4.使用過之後，則返程效期依票面上所記載，若超過有效期，則回程機票作廢。

5.延期：因不可抗拒原因得以延長效期7天。

- 航空公司因故取消原訂妥之班機。
- 航空公司因故不停旅客最後一聯搭乘存根之降落點。
- 航空公司誤點。
- 旅客因病延期（近系親屬得比照辦理）。
- 旅客旅途中因故身亡（不超過45天）。

詳情請參閱第五章航空業務篇。

其他相關事項

一、旅遊契約

出國旅遊若參加團體全備旅程，為確認旅遊品質與旅行業誠信，必須簽訂旅遊契約。除發展觀光條例第24條作了原則性規定

外，旅行業管理規則第23條有更詳細規定：旅行業辦理團體觀光，旅客出國旅遊或國內旅遊，應與旅客簽定書面之旅遊契約，其印製之招攬文件並應加註公司名稱及註冊編號。

　　旅遊文件之契約書，應載明下列事項，並報請交通部觀光局核准後，始得實施：

1.公司名稱、地址、負責人姓名、旅行業執照字號及註冊編號。
2.簽約地點及日期。
3.旅遊地區、行程、起程及回程終止之地點及日期。
4.有關交通、旅館、膳食、遊覽及計劃行程中所附隨之其他服務詳細說明。
5.組成旅遊團體最低限度之旅客人數。
6.旅遊全程所需繳納之全部費用及付款條件。
7.旅客得解除契約之事由及條件。
8.發生旅行事故或旅行業因違約對旅客所生之損害賠償責任。
9.責任保險及履約保險有關旅客之權益。
10.其他協議條款。

有關旅遊契約，從業人員應有的認知如下：(弧號內為其條文)

1.附件、廣告亦為契約之一部分，如載明僅供參考或外國旅遊業者提供之內容為準者，其記載無效。（二、三）
2.組團人數不足而無法出團，應於預定出發之七日前通知旅客。（十）
3.以組團社名義與旅客簽定旅遊契約，由銷售旅行業副署。（二十六）

4.旅行業應於預定出發七日前或說明會時，向旅客確認簽證、機位、旅館均已訂妥。（十一）

5.因可歸責該旅行社之事由致旅遊無法成行者，應即通知旅客並依第33條規定計算其應賠償旅客之違約金。（十二）

6.旅行團出發後，因可歸責於旅行社之事由，致旅客因簽證、機位等事由無法完成部分旅遊之效力。

   ・僅對部分旅客存在時：旅行業以自己之費用安排旅客至——旅遊地與團員會合。

   ・對全部旅客均存在時：安排相當之替代行程，如未為安排，旅行社應退還未旅遊部分之費用並賠償同額之違約金。（十三）

7.因可歸責該旅行社之事由，致旅客遭當地政府逮捕羈押或留置時，旅行社應賠償旅客每日二萬元之違約金，並安排返國。（十三）

8.旅客於旅遊期間自行保管證照。（十五）

旅客應有之認知如下：

1.旅行社非經旅客書面同意，不得將契約轉讓其他旅行業。若未經旅客同意，則其轉讓之效力變化如下：

   ・出發前：旅客得解除契約，受有損害並得請求賠償。

   ・出發後：旅行社應賠償旅客全部團費百分之五之違約金。旅客受有損害並得請求賠償。（十七）

2.旅行業未依契約所定與等級辦理餐宿、交通旅程或遊覽項目，旅客得請求旅行社賠償差額二倍之違約金。（二十）

3.因可歸責該旅行社之事由，致旅客留滯國外時：

   ・旅行社應負擔留滯期間之費用。（二十）

‧旅行社應賠償旅客按日計算之違約金（旅遊費用總額除以旅遊日程全部日數計算）。（二十一）

4.因旅行社之故意或重大過失，將旅客棄置或留滯國外不顧時，應賠償全部旅遊費用五倍之違約金。（二十二）

5.出發前旅客任意解約賠償費用：（二十三）

‧旅遊日前31天，賠償旅遊費用10%。

‧旅遊日前21～30天，賠償旅遊費用20%。

‧旅遊日前2～20天，賠償旅遊費用30%。

‧旅遊日前一天，賠償旅遊費用50%。

‧當日或未通知不參加者賠100%。

6.旅遊中因不可抗力或不可歸責於旅行社之事由，致無法依約履約時，旅行社徵得旅客過半數同意後，變更行程，費用多退少補。（二十八）

7.購物活動應於行程中預先說明。（二十九）

8.旅行社之責任排除。（三十）

二、責任保險與履約保險

自民國83年立法院通過消費者保護法後，無過失責任觀念更加確立。而旅行業的經營風險愈加提高，在發生一連串的旅遊事件後，由財政部保險司、觀光局和品保協會研商，將旅行社的法定責任、契約責任、特別費用及額外費用包括在內，開發了履約責任險的保單，藉以分擔旅行社之營運風險並提供旅客應有的保障。

是故旅行業舉辦團體旅行業務時，應投保法定責任保險及履約保險。（第53條）

法定責任保險

乃針對旅遊產品執行過程中對人之保障，為分散風險，契約責任保險之最低投保金額及範圍至少如（**表3-10**）：

表 3-10

每一旅客意外死亡	NTD 200 萬
每一旅客因意外事故所致體傷之醫療費用	NTD 3 萬
旅客家屬前往處理善後所必須支出之費用	NTD 10 萬

履約保險（最低投保金額）

履約保險之投保範圍，乃針對旅行業因財務問題，致其安排之旅遊活動部分或全部無法完成時，在保險額範圍內，所應給付旅客之費用，其投保最低金額如（**表3-11**）：

表 3-11

*　綜合旅行社	NTD 4000 萬	分公司 NTD 200 萬
甲種旅行社	NTD 1000 萬	分公司 NTD 200 萬
乙種旅行社	NTD 400 萬	分公司 NTD 100 萬

註：*得經中央觀光主管機關核准，以同金額之銀行保證代之。

三、旅行平安保險

有關旅行平安保險，自民國84年7月新頒法規，要求旅行契約必須涵蓋契約責任險（200萬＋3萬醫療險）之後，本項目依旅遊契約書第9條：旅遊費用所未涵蓋項目，第五款，旅行業應告知旅客自行投保旅行平安保險。

其意思即為旅行平安險項目乃屬旅客自理部分，至於團體旅行，則由旅行社負責加保契約責任險以及履約責任險，即是由壽險轉成產物險，出險責任由旅行社負擔契約內規。

保險種類

1. 主契約險：即意外死亡或傷殘。
2. 附帶醫療險：因意外受傷而在國外就醫之保險金。
3. 附帶產物險：包括行李遺失、證照遺失、滯留國外、飛機延遲等損失。
4. 全球緊急救援服務：即當遭遇意外傷害時所需之醫療、法律、財務、以及後送等服務時，可以依其服務網，在當地尋找華語人士協助。

保險匯率

1. 依其涵蓋範圍而不同。
2. 依其保險數額而不同。
3. 各家承保公司依往來狀況給予不等之折扣。

保險期間

1. 出發及返國期間及前後4小時（為出返國而產生之交通時間）。

2.非可抗力之原因而滯留，則自動延期24小時。

3.延期超過24小時，需電話聯絡續保方才有效。

信用卡的附帶保險

1.大致以擔保搭乘飛行器飛行途中之保障為限。

2.極少數另有約定者，才連帶陸地上之保障。

四、結匯

為便利國外消費，而必須使用當地通貨的規定，國人出國可以向具有外匯買賣條件的銀行辦理結匯，也就是購買外幣。

外幣之形式

1.現金。

2.旅行支票。

3.票匯。

4.電匯。

外幣之種類

除美金外，另有德國馬克、法國法朗、英鎊、港幣、日圓、澳幣、加拿大幣、荷蘭幣、瑞士法朗、西班牙幣等十一種外幣可以結匯旅行支票，另在中正機場則備有美金、馬克、法國法朗、港幣、英鎊、日圓、澳幣、加幣、新加坡幣、泰幣、馬來幣、菲幣及紐西蘭幣等種類的現金供旅客結匯但數額有限。（**見表3-12**）

可結匯數額

每一國民每年可結匯500萬美金。

表 3-12 外幣兌換表（http//netbank.icbc.com.tw）

幣　　別	即期買匯	外匯買賣	旅行支票	現金買賣
美　　金	34.9	✓	✓	✓
馬　　克	20.1	✓	✓	✓
法國法朗	6.00	✓	✓	✓
港　　幣	4.56	✓	✓	✓
英　　鎊	59.0	✓	✓	✓
日　　圓	0.255	✓	✓	✓
澳　　幣	20.62	✓	✓	✓
奧　先　令	2.85	✓		
比利時法朗	0.99	✓		
加拿大幣	22.87	✓	✓	✓
荷　蘭　幣	17.7	✓	✓	
新加坡幣	20.39	✓		✓
南　非　幣	5.68	✓		
瑞　典　幣	4.46	✓		
瑞士法朗	24.4	✓	✓	
泰　　幣	0.90	✓		✓
馬　來　幣	7.4900	✓		✓
西班牙幣	0.2395	✓	✓	
義　里　拉	0.0211	✓		
歐洲通貨	39.42	✓		
紐西蘭幣	17.89	✓		✓
菲　　幣				✓

（依中華民國 87 年 9 月 2 日公告爲參考值）

問答題

1.何謂出國手續之八大流程？

2.為何將八大流程簡述為三大階段？其目的何在？

3.我國出境攜帶物品之限制？

4.我國入境攜帶金銀及現金之規定？

5.我國防疫之三大重點？

6.檢疫在機場的工作為何？

7.旅遊契約中對保險的規定？

8.契約責任險與平安保險之差異性？

實務研究

1.各國商務辦事處訪視。

2.護照申請表格之填寫練習。

3.美國簽證、日本簽證或紐西蘭簽證之練習。

4.各國匯率在網路之查詢。

5.相關網站資料查詢：www.boca.gov.tw

www.doh.gov.tw

第四章

出入境
檢查程序

- 聯檢程序
- 我國出境程序
- 入境外國檢查程序
- 返國入境

本章目的

➤瞭解聯檢程序及其工作重點。

➤瞭解出境旅客海關申報重點及其程序。

➤瞭解檢疫工作及出國攜帶動植物之前置措施。

➤瞭解出國證照查驗項目及常見之缺失並瞭解緊急處理方法。

本章重點

➤聯檢手續C.I.Q.。

➤必備文件P.V.T.。

➤聯檢程序之各項流程。

➤入出境攜帶物品規定。

➤檢疫程序與重點。

➤入境外國之聯檢程序。

➤返回國門之聯檢程序。

➤行李查詢與處理。

關鍵語

➤聯檢程序：即指C.I.Q.之通關流程。

➤海關：位於國界、陸關、海關、空關以管制人、物進出，我國統稱海關稅務總署。

➤檢疫：衛生署檢疫總所對出國旅客檢疫預防的具體作法。

➤C.I.Q.＝Customer, Imgration, Quanantine。

➤P.V.T.＝Passport, Visa, Ticket。

➤Reservation：向航空公司指定班機預定位子。

➤Reconfirmation：凡在一地停留超過72小時，均應於抵達後向當地航空公司聯絡下一段訂位之確認。

國際交流既是不可避免的潮流，為保障本國安全，各國於是在各出入國境的通道上，不論海上、陸上、空中均設立了檢查進出之人們、物品，即所謂的通關程序，概分聯檢程序以及旅客出入各國國境之檢查要點介紹。

聯檢程序

一、聯檢程序

　　在世界各國為保衛其本國之安全、穩定及衛生，因此對於出入國境的旅客或貨物，在空關、海關、陸關上都設有檢查手續，一般都結合了檢查旅客身分證件的移民局、檢查物件種類、數量進出的海關，以及檢查旅客或物品進出合乎衛生檢疫條件的衛生署或農業局，我們一般簡稱叫C（Customer），I（Immigration），Q（Quarantine），其檢查程序依各國國情不同，我們統稱聯檢程序，介紹各項功能於後：

　　C代表Customer，表示稅務單位，俗稱海關，其主要職責為檢查出入境旅客所攜行李與貨品之安全掃瞄、數量規格、是否違禁品、有否超額攜帶應稅品、存關寄關，以及飛機船舶之清艙任務。

　　I代表Immigration，表示證照查驗，許多國家是由移民局官員擔任，故又稱移民檢驗，也有許多國家直接由警察擔任。以色列更由軍人擔任，在我國則屬入出境管理局是由警政署管轄的，其

主要職責在查驗入出境旅客是否有合法之證件，是否符合本人身分以及管制限制出境人士之進出，同時也清查飛機、船舶、國界、車輛、到離旅客的人數，在歐洲實施歐市共同市場以及申根條約之後，其邊界之檢查近乎撤離狀態。

Q代表Quarantine，表示對人、物之檢疫及衛生檢查，為防患人類之疾病及生畜及病菌由國外傳入、破壞其本國之生態及防疫，本階段之工作大多由負責衛生單位或農政單位負責，其主要職責為檢查旅客是否來自或前往疫區，有無應有之接種證明、攜入之動植物是否合乎規定或預作申報，並作隔離，檢疫接種及沒入銷毀之程序。

二、海關申報

Customs為各國執行查緝違禁物品與稽查應稅物品，俗稱海關（不分航空關口、海港關口或陸上關口），其檢查項目包括：「應稅物品」、「免稅物品」、「禁止物品」與「管制物品」四類。

中華民國出境海關申報

1. 一般申報：出境旅客如有下列情形之一者，應填報「出境旅客攜帶金銀貨幣申報單」。
   - 攜帶有外幣現鈔、新台幣及金銀飾等物品未超過規定者。
   - 原自國外入境的旅客，於入境時所攜帶的外幣曾向入境海關申報在案，在六個月內出境時預備再將用剩的外幣攜帶出境者。
   - 如攜帶有貨樣或其他隨身自用貨品（如攝影機、照相機、錄影機、電子計算機等），日後預備再由國外帶回國者。

‧攜帶有電腦媒體（包括磁帶、磁碟、磁片、卡片、穿孔帶等）者，應自動報關以便驗收。

2.金銀外幣與新台幣申報：旅客出境時，每人攜帶之外幣及新台幣之限額如下：

‧外幣：總值美金5,000元。

‧金飾、金幣各62.5公克。

‧銀飾、銀幣各625公克。

‧新台幣：現金40,000元及各種硬幣20枚為限。

‧含金工業產品暨黃金加工品，應經過經濟部核准後，始得出口。

3.免稅及應稅物品：出境旅客及過境旅客，攜帶自用行李以外之准許出口物品，其價值以美金2,000元為限，超過限額者，須繳驗「輸出許可證」始准出口。

4.管制及違禁物品：下列物品禁止攜帶出境：

‧未經合法授權之翻印書籍（不包括本人自用者在內）與翻印書籍之底版。

‧未經合法授權之翻製唱片（不包括本人自用者在內）、翻製唱片之母模及裝用翻製唱片之原標暨封套。

‧未經合法授權之翻製錄音帶及錄影帶（不包括本人自用者在內）。

‧古董、古幣以及古畫等。

‧槍械（包括獵槍、空氣槍、魚槍）、子彈、炸藥、毒氣及其他兵器等。

‧宣傳共產主義或其他違反國策之書籍、圖片、文件及其他物品。

‧偽造或變造之各種幣券、有價證券、郵票、印花稅票及其

他稅務單據憑證。

· 鴉片類（包括罌粟種子）、大麻類、高根類、化學合成麻醉藥品類，及以上各類物品之各種製劑。

· 依其他法律禁止出口之物品（如：偽禁藥、黃金、動物標本、果樹苗等）。

· 保育類野生動物及其製產品者，未經中央主管機關（見表4-1）之許可，不得出口。

表 4-1

單　　位	電　　話
財政部海關總稅務司署	(02)27722392
	(02)27413181
	(02)27523355
財政部台北關電話	(03)3832293
	(03)3832292
	(03)3832298
財政部高雄關電話	(07)8011924
	(07)8016511

申報及處理程序

1. 有申報需要者，需攜帶實物，離境機票、登機證、護照及申報單至機場出境大廳位於登上二樓之扶梯旁「海關」關口查驗物品後，貼標籤後放行。

2. 於入境時攜入存關之物品，亦至「海關」櫃檯申報，然後於通過證照查驗、手提行李查驗後，於候機大廳之專用櫃檯提

領。

三、證照查驗

自從實施證照合一的機器可判讀護照（Machine Read Passport，MRP）之後，不再有申報出境的動作，但是在出境時，乃有多項查驗之工作。

1. 屆齡役男是否持有有效回台加簽（因役男可能在上次出境時，持有6年護照，但回台加簽效期只到屆齡前為止，很多役男不明就理，仍持上次出國護照出境）！
2. 是否管制出境人士：因刑事訴訟或民事訴訟、受限之人士。（最常見為欠稅未繳，或有逃亡之虞之被告）。
3. 外籍人士是否持有合法返回其原始國之證件？

四、檢疫作業

檢疫作業分為「旅客檢疫」與「動植物檢疫」兩部分，旅客檢疫工作由行政院衛生署檢疫總所派駐執行，而動植物檢疫工作由經濟部商品檢驗局擔任，大多集中在入境檢查（此部分於入境程序論述），而對於出境之檢疫工作則多為預先宣導與處置，其注意事項、工作範圍與流程簡述如下：

一、必須注意的檢疫事項

必須注意的檢疫事項

在出國旅遊時應對當地的傳染病有基本認識，尤其是前往衛生狀況不良的地方如東南亞、中國大陸旅行時，對於防止傳染病的感染，更要特別注意其傳染途徑及預防方法。旅客可在出發前備妥護照號碼到各檢疫單位領取免費防疫藥品。

檢疫工作範圍

我國檢疫業務由衛生署檢疫總所統籌辦理，在各國際港埠設立有七個檢疫分所，依據「傳染病防治條例」及「國際港埠檢疫規則」實際執行進出我國國際港埠之船舶、航空器、航員、旅客及水產品等之檢疫。目前國際檢疫傳染病以霍亂、黃熱病、鼠疫為監視對象。

流程與要點

1.對於入境的人員實施傳染病監視並採取必要的檢疫措施。
2.對自疫區入境旅客均實施疫病監視，並提供「傳染病警告卡」等檢疫衛教宣導資料。
3.在檢疫機關下另設北、中、南、東四個疫病監視中心以延伸檢疫監視工作。

衛生署檢疫總所對出國旅客檢疫預防的具體作法

1.設立語音查詢專線23890001及23890002提供出國旅遊、疾病特性及水產品物檢疫須知。
2.上網站查詢www.doh.gov.tw。
3.印製「出國暨赴大陸旅遊健康手冊」、「霍亂、黃熱病、流行性腦脊髓膜炎預防接種簡介」、「檢疫」等多種衛教宣導品，供民眾出國前索取參考。

4. 提供免付費疫情專線：080-231043、080-422119、080-751286、080-381021供回國民眾若有發現異狀，能夠主動聯繫，不但可以協助就醫，並且可得知疫區情報，做為診斷參考。

5. 主動寄發「傳染病警告卡」，以提醒前往印度、孟加拉、泰國、菲律賓等國家之旅客，返國後，注意有無疑似產毒性0139型霍亂。

檢疫的流程：（見圖4-1）

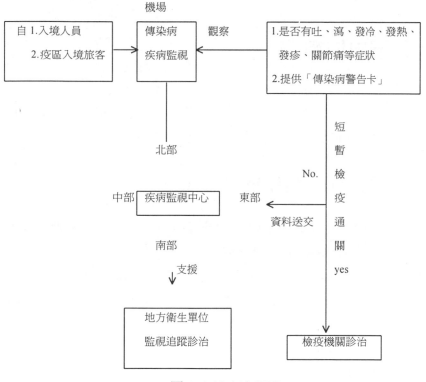

圖 4-1 檢疫流程圖

說明：

1. 對入境人員實施傳染病監視。
2. 對自疫區入境旅客實施疫病監視。
3. 觀察有無吐、瀉、發冷發熱、發疹、關節痛等症狀。
4. 提供「傳染病警告卡」衛教宣導資料。
5. 考量入境旅客無法短期檢疫查覺，尤其是：
   ・疫病潛伏期長。
   ・健康帶菌者。
6. 設立北、中、南、東四個疫病監視中心延伸檢疫監視工作。

我國出境程序

我國之出境程序，除證照檢查外，航空公司櫃台也扮演了積極角色，大約已先完成了護照、簽證及行李查驗。

一、航空公司櫃檯報到

1. 於班機起飛前2小時～40分鐘前到達，否則會被拒絕登機（請查詢OAG Desk Top欄）。
2. 於班機起飛前72小時與航空公司確認起飛時間及其他資料。
3. 按機場離境大廳告示板標示前往指定櫃檯台辦理（因中正機場櫃台不敷使用，所以不再固定櫃檯而採開放式櫃檯之方式，機動調整之）。
4. P.V.T.的查驗：航空公司地勤職員有責任必先檢查旅客旅行證件是否齊全，包括護照（Passport）、簽證（Visa）、機票

（Ticket）及黃皮書（Vacination）如：前往疫區時，俗稱P.V.T.查驗。

5.托運行李：將大型隨身行李托付給航空公司運往最終目的地，此時若有轉接班機（connetion）必須一併告知，並且說明是那一個機場同一城市有若干機場，如倫敦有格域（GATEWICK）及希羅（HEATHROW）之區別，東京有成田（NARITA）、羽田（HANEDA）之區別，必須指明，並看清行李條記載是否相符。

6.選擇座位：

· 可告知吸煙區（Smoking）或非吸煙區（NoN-Smoking）：大部分由台灣飛出之班機均採全程不吸煙，除了前往日本之班機外。

· 靠窗（Window）或是走道（Aisle），兩人同行或三人同行。

· 長腿者可選靠廚房之Long leg seat。

· 帶嬰兒者可選附在前座有Basket之座位。

· 因特定座位有限，最好於事前於電話中預定包括特別餐之安排（於第五章敘明）。

· 檢視航空公司遞回之證件是否齊全，並瞭解登機門號及確實登機時機（按規定30分鐘前要到達登機門之候機室）。

二、行李通過X光海關檢查通道

1.現今X光對底片等易感光物品並不損壞，但專業用底片仍應特別保護，或取出隨身攜帶於通過隨身行李檢查時，請海關用目視檢查。

2.若有申報品：需以申報單併同護照、機票、登機證及現品攜

至位於同一樓的海關櫃檯登記（若無人請按鈴，即有官員現身）。

3. 離境機場稅：我國之機場稅為新台幣300元（兩歲以下憑護照免付），於中正機場二樓，證照檢查關之前購買，小港機場則於出境大廳的台灣銀行櫃檯購買。

4. 平安保險與結匯：於出境大廳一樓有專屬櫃檯可以辦理。

三、進入離境大廳

1. 證照檢查：
   - 不分登記門號碼之區別，可於任何窗口排隊，唯需於地上畫有等待線之後面區域排成單列。
   - 證照檢查時，應站於櫃檯前，遞上護照、登機證並正視檢查人員，切勿多人擠在櫃檯前，或站在櫃檯側邊而顧左右而言其他。
   - 因使用MRP系統，若在護照上套有保護膠套應事先褪去，以免造成現場之困擾。

2. 隨身手提行李檢查：
   - 請按男女之分別。
   - 所有物品均需透過X光檢查，特別是隨身之腰包、女士之手提袋。
   - 相機、銅板、打火機等金屬配件或飾品則置於雜物盒交檢查人員目視。
   - 裝有假牙或身體受傷而有之金屬支架、生鐵飾物，最好主動向檢查人員提示，以免造成重複檢查之困擾。

3. 於免稅店購物：由於購物時，需出示護照及登機證，因此於

購置後請注意護照及登機證隨手收妥。

四、登機離境

登上飛機，猶進入另一國境，機長最大，為維護安全及起飛順暢，因此有必要維持一定之順序。

登機

1. 航空公司會宣告登機開始。為維持次序、航空公司人員可能依下列次序宣告登機：
   - 頭等艙及商務艙旅客。
   - 行動不便人士、陪伴老人、攜有幼兒之家庭。
   - 座位在後排者，由後至前逐段宣告登機。
2. 僅需憑有效登機證登機，其他證件如護照者可事先收妥。很多國際機場已使用登機證判別機器，登機證不可折疊或污損，並請各人自行遞交。
3. 按走道證入座：雖有各類型飛機，但大多分為一條走道與兩條走道型，以越洋飛機為例，大多為兩走道式座位，橫排數為阿拉伯數字，縱排位為英文字ABC DEFG HJK（注意，沒有I，因易與1誤解），當你甫入機門時即有空服小姐笑臉迎人，並引導那一條走道，因為在飛機內跨越走道是非常困擾的事，必須繞身廚房或廁所才有橫越走道之通路。
4. 飛機起飛前：不隨便走動，繫緊安全帶，收起餐檯，扶直椅背並注意聆聽空服員示範各項安全守則或注視電視播放之示範影帶，切莫大聲喧嘩或左顧右盼，這是基本禮儀與起碼之尊重及給人風度的印象。

5.調整座位：若同行者欲與旁人調整機位，應先行入座，待飛機起飛後再行協商調整，切忌未行入座即大事調動，如此將影響後繼乘客之入座。

入境外國檢查程序

一般也是有C.I.Q.之流程，但因所持證件不同而略有差異。

一、入境前

1.在飛機上填妥入境申報單，俗稱E/D CARD。
2.填具內容應詳細而確實。
3.若有不明瞭之地方，可請空服員協助，雖然可能搭乘外國籍飛機，但多數從台灣飛出之班機均備有中文翻譯員以資協助，唯需注意禮儀可按鈴請其前來協助，不因是自己人而大呼小叫。

二、飛機抵機場

1.依照寫有BAGGAGE CLAIM或畫有行李標籤之指示前進。
2.抵證照查驗窗口前，若干國家可能有檢疫關口，須先遞交健康證明申明書（在機上填寫）。
3.證照檢查之程序：
　・先辨別符合自己身分之窗口：很多國家對於持有不同性質護照之旅客有不同櫃檯辦理，最常見的是本國籍及非本國

籍，在歐洲則有歐市護照及非歐市護照，若是使用落地簽證者則需至PASSPORT CONTROL之櫃檯領取落地簽證，美國則有移民及非移民之區別。

· 按序排隊：很多國家是採取單一排隊再分赴窗口辦理，有些國家則各自排隊。

· 與移民官員之對話：

　A.可以一家族齊赴窗口。

　B.證件完備：機票、護照、入境簽證及E/D CARD（注意有些國家要求有中文者則需補寫，以紐澳加各站為常見）還有海關申辦單也要一併呈列。

　C.有問有答，切勿自言自語，外文不懂不要裝懂，外文略懂則要大膽講出。

4.提領行李，海關檢查：

· 觀看告示牌，所搭乘班機編號其行李下在那一號轉盤（Rotary Trey）。

· 先去推一部推車。

· 領到行李後，併海關申辦單及隨行人員（可能將行李置在同一推車上）通過海關檢查。

5.稅與不稅的通關辦法：即所謂Dual Chanal，將通行關卡分為應稅（Decleration：用紅色標示）及免稅（Not thing to de clear：用綠色標示）兩種關口，所以又稱紅綠通關系統，以減少不必要之擁擠與時間浪費，但是雖是走免報稅通關檯仍有被抽查之義務。

三、出關進入國境

1. 一般出口皆為自動門，且一踏出去則算完成入境不可再折回。
2. 需注意是個人旅客出口還是團體旅客出口。
3. 是不是美加轉機旅客：一般在出口前有轉送行李檯，可馬上托運，否則需再走一長串路繞到航空公司櫃檯托運。

返國入境

返回國門之通關順序分別是：

1. 健康證明（如來自疫區）。
2. 護照查驗（僑胞需辦再出境）。
3. 提領行李。
4. 動植物檢疫（如有）。
5. 海關檢查。

一、健康證明

1. 如來自疫區，外國人需有國際預防接種證明書：目前進出我國均不需填具，因為我國為免疫區，但是因應環境變遷，有些地區會臨時的、短期的被宣布為疫區，則需填寫，譬如96年曾有泰國霍亂，97年我國流行豬隻口蹄疫之情況。
2. 入境時身體不適，需填健康證明書：有時是不適長途飛行，有時是旅途勞累，但基於追蹤的必要，旅客應主動提出。

二、證照查驗

1. 其情形同入境外國之要件類似。
2. 我國在窗口上分有外國籍及本國籍以及航員、公務門之區別。
3. 分有東西兩側，有時東側人多，西側人少，則可多走兩步，朝人少之窗口疏散。
4. 需填具海關申報單同時呈報。
5. 護照上之塑膠護套應事先取出，以便MRP掃瞄，節省查驗時間。
6. 等候人員應站於黃線之後。

三、入境時海關規定

入境旅客攜帶隨身及不隨身行李物品進口者，其項目、數量及價值以合於其本人自用及家用範圍者為限，亦即攜入免稅行李物品或應稅行李物品之完稅價格總和，每人不得超過美金一萬元（未成年人減半），另有一些物品禁止攜帶入境。

旅客入境時行李可分為免稅及應稅，免稅又分為免申報類及申報類。

免稅

1. 免申報類：
   - 菸酒免稅：雪茄不得超過25支，或捲菸不超過200支，或菸絲不超過一磅，及烈酒一瓶（限一公升以下）或小樣品酒10瓶（限每瓶0.1公升以下），但限滿20歲之成年人適用。

．自用家用免稅物品：

A.少量之罐頭及食品、水果（限兩公斤以下並由非疫區進口，自87年10月1日起取消，全面禁止）。

B.在國外即為旅客本人所有或其單件或一組之完稅價格在新台幣二萬元以下。

C.貨樣免稅：旅客所攜帶之貨樣，若其完稅價格在新台幣一萬二仟元以下時，准予免稅。

2.申報類：入境旅客如有下列情形之一者，應填報「機場入境旅客應稅物品及金銀外幣申報單」逐向海關詳細報明：

．所攜隨身行李有應稅物品、新品、貨樣、機器零件、原料物料、儀器工具者。

．另有不隨身行李隨後運入者。

．另有不擬攜帶入境之隨身行李者（可暫存關棧，俟出境時攜帶出境）。

．攜帶有黃金（包括條、塊、片、錠、金幣、金飾）及銀與外幣、新台幣者。

．攜帶有武器、槍械（包括獵槍、空氣槍、魚槍）彈藥及其他違禁物品者。

．攜帶有放射性物質或X光機者。

．攜帶有大陸物品者。

．攜帶有藥品者。

旅客填報入境旅客申報單，須每人一份，但有家屬隨行者或來台觀光旅遊團體，得由家長或領隊彙總申報。

附註：1.申報時，物品、數量、價值等均應詳細報明。

2.任何應稅物品或管制物品，經查獲有匿藏未申報時，依照

海關緝私條例或其他有關法令規定處罰。

二、應稅

　　攜帶應課稅物品入境時，必須填寫申報書。62.5公克重以上的黃金必須課稅。每位入境旅客攜帶的現金不得超過新台幣四萬元，且須申報，違者超過部分予以沒入。旅客如欲攜帶新台幣四萬元以上的現金入境時，應於入境前申請以取得財政部之許可。

三、禁止攜帶入境：如輸入、使用、持有或販售者將從重量刑

1.偽造之貨幣或偽造用器材。

2.賭博器具或外國彩券。

3.猥褻或粗鄙之書刊。

4.宣傳共產主義在共產黨統治國家或地區所出版之各種刊物。

5.各型武器（包括空氣手槍）和彈藥。

6.所有非醫師處方和非醫療性之藥品或麻醉劑（包括大麻）。

7.玩具手槍。

8.所有侵犯他人專利、設計、商標或著作權之物品。

9.各種動物和寵物。

四、海關通關規定及流程

1.我國行李檢查現已採用所謂dual channal本章稱之紅綠通關

檯,以促進通關速度,更有團體櫃檯及簡便行李櫃檯,使國
外訪客感到便捷。

2.檢查行李時,應遞上海關申報單由檢查關員要求是否開箱檢
查。

3.等候之其他旅客需停留於等待線之後,有檢疫品者應先至檢
疫檯驗放。

4.有應稅品或超帶物品而應稅者由檢查員陪同於繳稅處完成繳
稅後放行。

5.行李若未到或破損、甚至早到之情形,請洽航空公司行李組
(俗稱Lost & Found)查詢或辦理行李遺失。

五、行李損壞申報手續

行李遺失

當您在機場找不到自己行李時,應有之措施為:

1.立即向該航空公司(以末程者為準)申訴。

2.填寫P.I.R. Form (Property Irregulality Report),附上機票
影本、護照、行李托運收據及海關申報單,並在表格上指認
您的行李式樣。

3.選擇尋獲行李後的運送方式,自取或是由航空公司代驗。

4.目前航空公司均提供良好之服務代驗,且將行李運送至旅客
家中(或指定地點)但旅客應將行李箱之號碼鎖號碼告之及
留下開鎖的鑰匙,否則你還是要自己再跑一趟。

5.若超過21天未找回,則由末站的航空公司負責理賠(根據航

空公司的「終站賠償法則」）。

6.賠償額度各家不一，但原則以重量計且每件上限為400美元。

7.旅客若有事先申報貴重物品，且繳交「報值行李」之手續費（約為報值千分之五），可按報值賠償，但仍有上限為2500美元。

8.或另於機場的產物保險公司櫃檯投保較高之價值。

行李壓壞了

1.仍然在現場馬上找該航空公司的行李查詢組申訴。

2.航空公司必先檢視行李箱之受過是否新創以及是否可以修復。

3.若由旅客自行送修，則可以收據申償，但仍需先完成各項申報程序。

4.若行李毀損至無法修復，則航空公司會理賠一只新皮箱。

5.理賠方式多以指定店購買類似皮箱的交換券（MCO）進行，甚少以現金補償，但若有運作之困難，亦可力爭現金補償。

問答題

1.何謂P.V.T.？

2.何謂C.I.Q.？

3.我國對出境攜帶金、銀飾及現金之額度限制？

4.我國對入境攜帶金、銀飾及現金之額度限制？

5.出入境攜帶金、銀飾及現金之額度之差異？

6.國外移民局對查驗證照有何分類？

7.何謂M.R.P.？

8.飛機類型之兩大分類？

9.何謂dual channal system？我國是否實施？

實務研究

1.向航空站申辦機場訪視。

2.查詢入境旅客行李物品報驗稅放辦法第九條。

3.上網查詢財政部海關關稅總署之資料。

4.上網查詢衛生署檢疫總所之資料www.doh.gov.tw。

第五章

航空業務

- 航空運輸之基本認識
- 機票之種類及其有關規定
- 航空時間之運算
- 機票票價之計算
- 行李運送
- 預約訂位

本章目的

➤ 瞭解航空運輸之基本條件。

➤ 認識機票之定義及其相關內容之瞭解。

➤ 如何計算飛行時間。

➤ 瞭解機票價格核算之程序。

➤ 瞭解行李運送之類別及運用。

➤ 瞭解航空訂位之意義及其運用。

➤ 瞭解航空訂位記錄之解讀方法。

➤ 航空BSP開票之聯繫。

本章重點

➤ 交易管制者與航權使用者對於八大航空自由的運用。

➤ 機票內容與使用時應注意之重點。

➤ 航空時區與飛航空時間之運算。

➤ 機票價格在實務上之運用。

➤ 行李運送中，以體積計與以重量計之地區差別。

➤ 電腦訂位之五大要件。

➤ 手工訂位之基本技巧。

➤ 開票的必備條件及BSP的運用。

關鍵語

➤ TC-1/TC-2/TC-3：運務會議區，又稱航空交易分區，簡稱
AREA 1/AREA 2/AREA 3。

➤TRAFFIC RIGHT：航權，又稱航空自由，需由航權擁有者互相簽訂後，再交由航線使用者使用。

➤WH/EH：WEST HEMES FER/EAST HEMES FER，意指東西半球以兩大洋為區分。

➤CODING/DECODING：將長串字縮小叫CODING，將編碼還原叫DECODING。

➤CITY CODE：將城市以三個字母編碼，若該城市有兩個以上機場，則使用機場代號來取代之，以免混淆了城市。

➤POOL SERVICE：航空公司間互相合作之代稱，可能有分享航班、分享機票（通用）或其他合作，以便利乘客及市場聯營，最有名的就是SK/LH/TG/UA/CA的星空聯盟。

➤INTER LINE：航空公司互相之間的稱呼，內部使用。

➤ON LINE：直航終點的班機（對目的地或啟程地而言）。

➤OFF LINE：未直航終點而必須與他航合作之航線。

➤INCENTIVE：達到目標以後，再進一步之努力，有謂激勵或鼓勵。

➤Accompany Baggage：隨身行李，包括隨機托運及隨身攜帶上機之行李，反之，則稱Unaccompany Baggage不隨身行李或後送行李。

➤pcs/Kg：在機票欄內有Allow之標示，若註明pcs表示以件計之隨身行李寬容額，用20Kg表示，則為以20公斤計之寬容隨身行李額。

➤CHD：表示2～12歲之小孩。

➤INF：表示未足兩歲以下之小孩，稱做嬰兒，INFANT。

➤CRS：Computerized Reservation System之簡稱，指通過電腦網路系統完成航空訂位以及其他旅遊資訊取得之功能。

➤BSP：Bank Settlement System：表示經過銀行系統來完成航空公司票務結帳之系統，如此，把帳務債信透過銀行系統可達到管制及管理之功能，亦可節省人力之耗損。

➤PNR：Passenger Name Record，口語上又稱Location Number旅客訂位記錄上有一6碼之電腦訂位代號。

空中交通雖然寬廣無邊，但是其管制則較陸上、海上交通嚴格，且其必然牽涉跨越國界稍有不慎即引發爭端，甚而則政治介入，故更要有公信之組織來運作，以下就空中管制之指揮系統及機票業務、訂位業務分節介紹。

航空運輸之基本認識

概分管制者、使用者、擁有者之角色切入介紹，則更容易瞭解航空運輸之角色及其功能：

一、交易管制者（Traffic Controlor）

1. 由IATA（International Air Transport Association）（見圖5-1）來擔任，乃由各大航空公司組成，它制定了許多航空運輸的費率及往來規則，讓複雜的往來有所依循，雖然各航空公司仍有自己的遊戲規則（Non-IATA），但仍沿襲IATA之原則 。
2. IATA之主要任務如下：（見圖5-2）
   - 協議實施分段聯運空運，使一票通行全世界。
   - 協議訂定客貨運價，防止彼此惡性競爭、壟斷。但允許援例競爭，以保護會員利益。
   - 協議各會員航空公司訂定運輸規則及條件。
   - 協議制定各指定代理店（旅行社）規則。
   - 協議制定運費之結算辦法。
   - 協議訂定航空時間表。
   - 協議建立各種業務的作業程序。

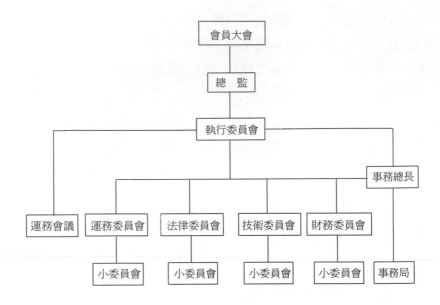

圖 5-1 IATA 組織圖

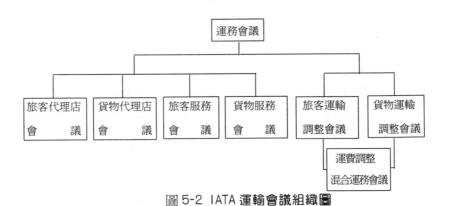

圖 5-2 IATA 運輸會議組織圖

二、航權擁有者（Traffic Owner）

空中交通的管制範圍，各國設定區域不同，由於牽涉主權與國防上之制空權，其航管區域是由政府之間協商出來的，至於各航空公司互相飛航的權利則由各國G.T.O.（Goverment Travel Organization）來做為協商對象，在我國則是交通部民航局，但是為了因應我國在國際間的政治立場，有時亦委由航空公司互相簽定。

三、航權（Traffic Right）

又稱航空自由，為便於國際間之商業飛行，而將其分為八類，由各國政府視當時之政治情況、外交條件、商業經濟等之平等互惠狀況予以考量。

1.第一航權：領空飛越權。由A國前往C國，得以不降落而超越B國上空之權利，即飛經外國不降停的自由。

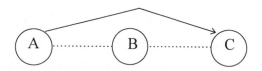

2.第二航權：技術降落權。自A國前往C國，因中途加油或補充裝備，得以在B國不上下旅客或裝卸客貨物之權利，即飛入外國作技術降停的自由。

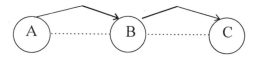

3.第三航權：卸落客貨權。自A國前往B國，而能夠在B國卸下客貨物但不裝載客貨之權利，即由飛機國籍飛入外國做商業運載。

4.第四航權：客貨返國權。自B國裝運客貨物返回本國A之航權，即從——外國飛入飛機國籍，做商業運載。

　註：第三、四航權即一般所謂的商業運輸權是談判的基本權。

5.第五航權：第二營運權。自A國前往C國，可在B國做商業性降落、裝卸客貨，續往下一目的，即在第三、四種自由之基礎下，進一步飛入或飛自第三國作商業運載。

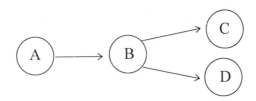

6.第六航權：背後權。自B國裝卸客貨經地主A國前往下一個C國裝卸客貨，即飛入授權國境內卸下或裝運，由承運人旗國運來或運至旗國目的地的旅客和貨運，即第三、四航權之綜合。

7.第七航權：允許第三國B國之飛機往來A、C兩地裝卸客貨之權利。

8.第八航權：國內裝運權。A國飛機自A國裝卸客貨以後，於B國之第一站卸落客貨，於第二站裝卸客貨之權利，即飛機國基於互惠條件飛入授權國之第一、二站之自由，如長榮航空飛行於澳洲布里斯班與雪梨／墨爾本之間。

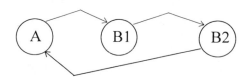

四、航權使用者

即商業航空公司有以下分類：

1.定期航班航空公司。
2.包機航空公司。
3.小型包機航空公司。

五、運務分區（Traffic Zone）

IATA為了便於說明及劃定地區間之運費及運輸規章，將全世界分為三個運務參考區，東西兩大半球及南北兩極。

1.三大運務區（Traffic Conference Zone）簡稱TC。
　・TC-1：以涵括南北美洲為主，西起檀香山，東至百慕達。
　・TC-2：以涵括歐、非兩洲及中東為主，西起大西洋的堪拉威克，東至德黑蘭。
　・TC-3：以涵括亞、澳兩洲為主，西起喀布爾，東至南太平洋的巴比地。
2.東西兩半球：
　・經大西洋謂西半球（WH）。
　・經太平洋謂東半球（EH）。
3.南北兩極：又稱Polar Route，其實經由其上之航線，要比飛行在東西半球間快捷多了（請參考下頁地球儀圖）。
（見圖5-3）、（見圖5-4）

IATA 運務會議地區（Traffic Conference Area）

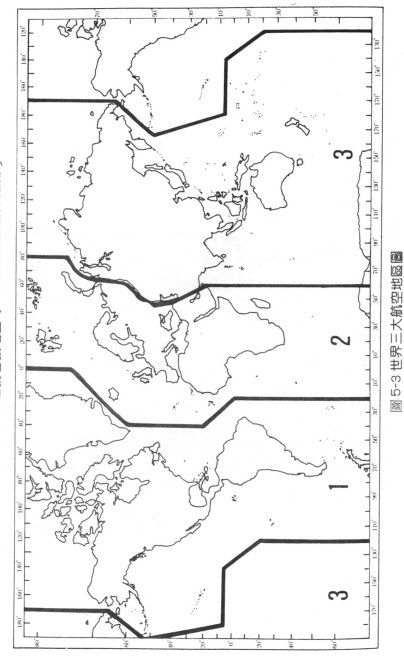

圖 5-3 世界三大航空地區圖

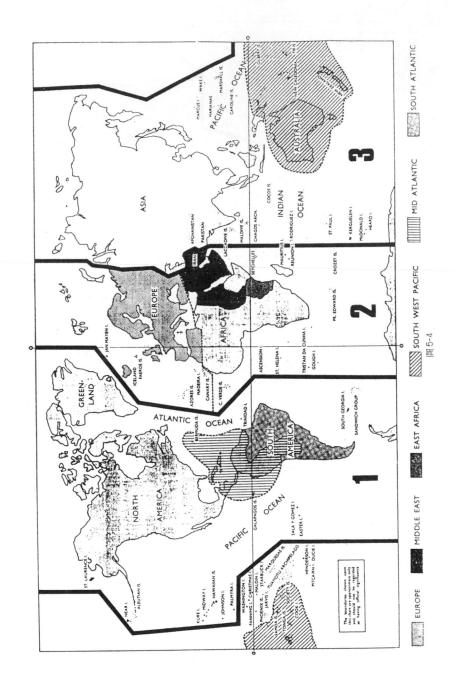

圖 5-4

六、著名的運務會議

1.華沙公約：
- 1929年於波蘭首都華沙簽訂。
- 為國際線乘客及行李賠償之基本法。
- 規定運送人的責任，對航空公司職員、代理商（Approval Agent）、貨運委託人、受託人及其他有關人員之權利與賠償義務。

2.海牙公約：
- 1955年於荷蘭首都海牙簽訂。
- 主要就是華沙公約之賠償責任作提高之同意。
- 與各國正式簽約。
- 將其內容摘要印於機票內（以華沙公約之名）。

3.蒙特婁特別約定：
- 1966年於加拿大蒙特婁市簽定。
- 主要參加者為美加與航空業者。
- 就華沙公約的國際運送的責任與賠償在美加地區生效。

七、航空保險

由於華沙公約之後，各國為了就運送責任之保障而紛紛加入了保險制度，今日之航空器在科技進步下已不被認為是危險物體，但航空保險之範圍卻愈擴大，主因乃在於消費者意識的高漲。

1.飛機機體保險。

2.不堪使用時之損失保險。

3.乘客及乘客行李責任保險。

4.第三責任險。

5.機場所有者（法律上經營者）責任險。

6.產品責任險。

7.個人意外傷害保險。

8.執照喪失保險（飛行員）。

9.貨物險。

10.搜索救助險（不確定失事點之搜索）。

八、航空運輸的使用語言

因為空中飛行衍生許多語言的溝通，全世界務求一致性及簡化性，因此產生將名詞編號（Encoding-Decoding）及將一句話縮小為一個名詞的過程，以下介紹城市與機場之代號編譯以及航空票務中常用之術語（Terminology）。

城市與機場代號之編號與解碼

為了票價計算、行程設計、內部使用及CRS之使用，因此有將全世界各地之城市與機場之名稱，給予編號，如此可以便於專業使用，也不致於將世界上許多同名但不同地區的城市或機場搞混，因為各採用了不同的三個英文字母，我們稱作Coding，其原則如下：

1. 城市編碼大多採取與城市名稱相同之縮碼，如TPE≒TAIPEI，TYO≒TOKYO，MNL≒MANILA以方便記憶。

2.機場編碼：當同一城市有兩個以上之機場，則另外根據其機場名稱而啟用編碼，如NRT代表東京成田機場（NARITA）、HND代表東京羽田機場（HANEDA），而JFK代表紐約甘迺迪機場、LGA代表紐約La Guadia機場，而EWR代表紐約NEWARK機場，就算是我國的桃園中正國際機場與松山機場，分別有CKS及TSA之編碼。

3.奇特的加拿大編碼：因為加拿大各城市的名字大多移自英國，且常跟同樣是大英國協的澳洲與紐西蘭重疊，因此在其城市與機場之三碼代號，一律取Y為字首，如代表溫哥華的YVR、代表多倫多之YYZ、代表魁北克的YQB、代表蒙特婁的YUL。

常用的城市／機場代碼（見表5-1，5-2，5-3）

表 5-1

AREA 1				
NR	CITY NAME	CODE	CHINESE NAME	COUNTRY
1	VANCOUVER	YVR	溫哥華	CANADA
2	EDMONTON	YEG	艾德蒙頓	CANADA
3	CALGARY	YYC	卡加立	CANADA
4	WINNIPEG	YWG	溫尼伯	CANADA
5	TORONTO	YYZ	多倫多	CANADA
6	MONTREAL	YUL	蒙特利爾	CANADA
7	HALIFAX	YHZ	哈利法克斯	CANADA
8	OTTAWA	YOW	渥太華	CANADA
9	SEATTLE	SEA	西雅圖	USA WASH
10	PORTLAND	PDX	波特蘭	USA ORE
11	SAN FRANCISCO	SFO	舊金山	USA CALIF
12	LOS ANGELES	LAX	洛杉磯	USA CALIF

續表 5-1

NR	CITY NAME	CODE	CHINESE NAME	COUNTRY
	AREA 1			
13	LAS VEGAS	LAS	拉斯維加	USA NEV
14	SALT LAKE CITY	SLC	鹽湖城	USA UTAH
15	DENVER	DEN	丹佛	USA COLO
16	PHOENIX	PHX	鳳凰城	USA ARIZ
17	ALBUQERQUE	ABQ	亞伯寇奇	USA N.M.
18	HOUSTON	HOU	休士頓	USA TEX
19	DALLAS	DAL	達拉斯	USA TEX
20	NEW ORLEANS	MSY	新奧爾良	USA LA
21	OKLAHOMA CITY	OKC	奧克拉荷馬城	USA OKLA
22	KANSAS CITY	MKC	坎薩斯城	USA MO
23	MINNEAPOLIS	MSP	明尼亞波利	USA MINN
24	CHICAGO	CHI	芝加哥	USA ILL
25	DETROIT	DTT	底特律	USA MICH
26	CLEVELAND	CLE	克利夫蘭	USA OHIO
27	PITTSBURGH	PIT	匹茲堡	USA PA
28	BUFFALO	BUF	水牛城	USA N.Y.
29	BOSTON	BOS	波士頓	USA MASS
30	NEW YORK	NVC	紐約	USA N.Y.
31	PHILADELPHIA	PHL	費城	USA PA
32	WASHINGTON	WAS	華盛頓	USA D.C.
33	INDIANAPOLIS	IND	印地亞波利	USA IND
34	ST.LOUIS	STL	聖路易	USA MO
35	ATLANTA	ATL	亞特蘭大	USA GA
36	MIAMI	MIA	邁阿密	USA FLA
37	HONOLULU	HNL	檀香山	USA HA
38	ANCHORAGE	ANC	安克拉治	USA ALA
39	GUATEMALA CITY	GUA	瓜地馬拉市	GUATEMALA

續表 5-1

		AREA 1		
HR	CITY NAME	CODE	CHINESE NAME	COUNTRY
40	SAN SALVADOR	SAL	聖薩爾瓦多	EL SALVADOR
41	SAN JOSE	SJO	聖約瑟	COSTA RICA
42	PANAMA CITY	PTY	巴拿馬	PANAMA
43	SANTO DOMINGO	SDO	聖多明哥	DOMINICAN
44	SAN JUAN	SJU	聖胡安	PUERTO RICO
45	LIMA	LIM	利馬	PERU
46	LA PAZ	LPB	拉巴斯	BOLIVIA
47	SANTIAGO	SCL	聖地牙哥	CHILE
48	BUEHOS AIRES	BUE	布宜諾斯愛利斯	ARGENTINA
49	ASUNION	ASU	亞松森	PARAGUAY
50	SAO PAULO	SAO	聖保羅	BRAZIL
51	RIO DE JANEIRO	RIO	里約熱內盧	BRAZIL

表 5-2

AREA 2				
NR	CITY NAME	CODE	CHINESE NAME	COUNTRY	CHINESE NAME
1	AMSTERDAM	AMS	阿姆斯特丹	HOLLAND	荷蘭
2	ATHENS	ATH	雅　典	GRECE	希臘
3	BERLIN	BER	柏　林	GERMANY	東德
4	BRUSSELS	BRU	布魯塞爾	BELGIN	比利時
5	COPENHAGEN	CPH	哥本哈根	DANMARK	丹麥
6	FRANKFURT	FRA	法蘭克福	GERMAN	德國
7	GENEVA	GVA	日內瓦	SWIERLAND	瑞士
8	HAMBURG	HAM	漢　堡	GERMANY	德國
9	PARIS	PAR	巴　黎	FRANCE	法國
10	LONDON	LON	倫　敦	ENGLAND	英國
11	VIENNA	VIE	維也納	AUSTRIA	奧地利
12	ZURICH	ZRH	蘇黎士	SWIZERLAND	瑞士
13	OSLO	OSL	奧斯陸	NORWAY	挪威
14	STOCKHOLM	STO	斯德哥爾摩	SWEDAN	瑞典
15	ROME	ROM	羅　馬	ITALY	義大利
16	MILAN	MIL	米　蘭	ITALY	義大利
17	MADRID	MAD	馬德里	SPAIN	西班牙
18	LISBON	LIS	里斯本	PROTUGE	葡萄牙

表 5-3

AREA 3				
NO	CITY	CODE	CHINESE NAME	COUNTRY	CHINESE NAME
1	SAPPORO	SPK	札　幌	JAPAN	日　本
2	TOKYO	TYO	東　京	JAPAN	日　本
3	NAGOYA	NGO	名古屋	JAPAN	日　本
4	OSAKA	OSA	大　阪	JAPAN	日　本
5	FUKUOKA	FUK	福　岡	JAPAN	日　本
6	OKINAWA	OKA	沖　繩	JAPAN	日　本
7	SEOUL	SEL	漢　城	S.-KOREA	韓　國
8	PUSAN	PUS	釜　山	S.-KOREA	韓　國
9	TAIPEI	TPE	台　北	R.O.C.	中華民國
10	KAOHSIUNG	KHH	高　雄	R.O.C.	中華民國
11	HONG KONG	HKG	香　港	CHINA	中　國
12	SAIGON	SGN	西　貢	S.VIETNAM	越　南
13	PHNOM PENH	PNH	金　邊	KHMER REP.	高　棉
14	VIENTIANE	VTE	永　珍	LAOS	寮　國
15	BANGKOK	BKK	曼　谷	THAILAND	泰　國
16	CHIANG MAI	CNX	清　邁	THAILAND	泰　國
17	RANGOON	RGN	仰　光	BURMA	緬　甸
18	PENANG	PEN	檳　城	MALAYSIA	馬來西亞
19	IPOH	IPN	怡　保	MALAYSIA	馬來西亞
20	KUALA LUMPUR	KUL	吉隆坡	MALAYSIA	馬來西亞
21	SINGAPORE	SIN	新加坡	SINGAPORE	新加坡
22	MEDAN	MES	棉　蘭	INDONESIA	印　尼
23	PALEMBANG	PLM	巨　港	INDONESIA	印　尼
24	JAKARTA	JKT	雅加達	INDONESIA	印　尼
25	SURABAYA	SUB	泗　水	INDONESIA	印　尼
26	DENPASAR	DPS	巴里島	INDONESIA	印　尼
27	DILI	DIL	帝　利	TIMOR	帝　汶
28	MANILA	MNL	馬尼拉	PHILIPPINES	菲律賓

續表 5-3

AREA 3					
NO	CITY	CODE	CHINESE NAME	COUNTRY	CHINESE NAME
29	BAGUIO	BAG	碧 瑤	PHILIPPINES	菲律賓
30	CEBU	CEB	宿 霧	PHILIPPINES	菲律賓
31	KOTA KINABALU	BKI	亞 庇	MALAYSIA	馬來西亞
32	BANDAR SERI BEGAWAN	BWN	汶 萊	BRUNEI	婆羅乃
33	SIBU	SGW	詩 誣	MALAYSIA	馬來西亞
34	KUCHING	KCH	古 晉	MALAYSIA	馬來西亞
35	DARWIN	DRW	達爾文	AUSTRALIA	澳 洲
36	PERTH	PER	伯 斯	AUSTRALIA	澳 洲
37	BRISBANE	BNE	布利斯班	AUSTRALIA	澳 洲
38	SYDNEY	SYD	雪 梨	AUSTRALIA	澳 洲
39	CANBERRA	CBR	坎培拉	AUSTRALIA	澳 洲
40	MELBOURNE	MEB	墨爾本	AUSTRALIA	澳 洲
41	HOBART	HST	荷巴特	AUSTRALIA	澳 洲
42	CHRISTCHURCH	CHC	基督城	NEW ZEALAND	紐西蘭
43	WELLINGTON	WLG	威靈頓	NEW ZEALAND	紐西蘭
44	AUCKLAND	AKL	奧克蘭	NEW ZEALAND	紐西蘭
45	NOUMEA	NOU	努美亞	NEW CALEDONIA	新喀里多尼亞(法)
46	NANDI	NAN	南 地	FIJI	斐 濟
47	PAGO PAGO	PPG	巴哥巴哥	SAMOA	美屬薩摩亞
48	PAPEETE	PPT	大溪地	TAHITI IS.	法屬大溪地島
49	PORT MORESBY	POM	摩斯比港	NEW GUINEA	巴布亞
50	GUAM	GUM	關 島	U.S.A.	美 國
51	SAIPAN		塞 班	MARIANA IS.	馬理亞納群島(美)
52	DACCA	DAC	達 卡	BANGLADESH	孟加拉國
53	KATHANDU	KTM	加德滿都	NEPAL	尼泊爾
54	CALCUTTA	CCU	加爾各答	INDIA	印 度
55	MADRAS	MAA	馬德拉斯	INDIA	印 度
56	BOMDAY	BOM	孟 買	INDIA	印 度

續表 5-3

<table>
<tr><th colspan="6">AREA　3</th></tr>
<tr><th>NO</th><th>CITY</th><th>CODE</th><th>CHINESE NAME</th><th>COUNTRY</th><th>CHINESE NAME</th></tr>
<tr><td>57</td><td>DELHI</td><td>DEL</td><td>新德里</td><td>INDLA</td><td>印　度</td></tr>
<tr><td>58</td><td>COLOMBO</td><td>CMB</td><td>可倫坡</td><td>SRILANKA</td><td>錫里蘭卡</td></tr>
<tr><td>59</td><td>KABUL</td><td>KBL</td><td>喀布爾</td><td>AFGHANISTAN</td><td>阿富汗</td></tr>
<tr><td>60</td><td>KARACHI</td><td>KHI</td><td>喀拉蚩</td><td>PAKISTAN</td><td>巴基斯坦</td></tr>
<tr><td>61</td><td>CHITTAGONG</td><td>CGP</td><td>吉大港</td><td>BANGLADESH</td><td>孟加拉國</td></tr>
<tr><td>62</td><td>SUVA</td><td>SUV</td><td>蘇　瓦</td><td>FIJI</td><td>斐　濟</td></tr>
<tr><td>63</td><td>TONGATAPU</td><td>TBU</td><td>東加大埔</td><td>TONGA IS.</td><td>東加王國</td></tr>
<tr><td>64</td><td>NAURU</td><td>INU</td><td>諾　魯</td><td>NAURU IS.</td><td>諾　魯</td></tr>
</table>

常用的航空公司代碼／代號／班次

航空公司代碼及（機票代號）為票務上使用便利而將兩個英文字母及三個數字代表航空公司之識別。（見表5-4）

表 5-4

<table>
<tr><th>識別代碼</th><th>航 空 公 司 全 名</th><th>機票系列編號</th></tr>
<tr><td>AA</td><td>AMERICAN AIRLINES 〔美國航空〕</td><td>001</td></tr>
<tr><td>AC</td><td>AIR CANADA 〔加拿大航空〕</td><td>014</td></tr>
<tr><td>AE</td><td>MANDARIN AIR 〔華信航空〕</td><td>803</td></tr>
<tr><td>AF</td><td>AIR FRANCE 〔法國航空〕(AIR FRANCE ASIE) 〔法亞航〕</td><td>057</td></tr>
<tr><td>AI</td><td>AIR INDIA 〔印度航空〕</td><td>098</td></tr>
<tr><td>AN</td><td>ANSETT AUSTRALIA 〔澳洲安適航空〕</td><td>090</td></tr>
<tr><td>AQ</td><td>ALOHA AIRLINES 〔夏威夷阿洛哈航空〕</td><td>327</td></tr>
<tr><td>AR</td><td>AEROLINEAS ARGENTINAS 〔阿根廷航空〕</td><td>044</td></tr>
<tr><td>AS</td><td>ALASKA AIRLINES 〔阿拉斯加航空〕</td><td>027</td></tr>
<tr><td>AV</td><td>AVIANCA 〔哥倫比亞航空〕</td><td>134</td></tr>
<tr><td>AY</td><td>FINNAIR 〔芬蘭航空〕</td><td>105</td></tr>
<tr><td>AZ</td><td>ALITALIA 〔義大利航空〕</td><td>055</td></tr>
<tr><td>BA</td><td>BRITISH AIRWAYS 〔英國航空〕
(BRITISH ASIA AIRWAYS) 英亞航</td><td>125</td></tr>
<tr><td>BI</td><td>ROYAL BRUNEI AIRLINES 〔汶萊航空〕</td><td>672</td></tr>
<tr><td>BL</td><td>PACIFIC AIRLINES 〔越南、太平洋航空〕</td><td>550</td></tr>
</table>

續表 5-4

識別代碼	航 空 公 司 全 名	機票系列編號
BR	EVA AIR WAYS 〔長榮航空〕	695
CA	AIR CHINA 〔中國國際航空〕	999
CI	CHINA AIRLINES 〔中華航空〕	297
CO	CONTINENTAL AIRLINES 〔美國、大陸航空〕	005
CP	CANADIAN AIRLINES INTERNATIONAL LTD 〔加拿大國際航空〕	018
CU	CUBANA AIRLINES 〔古巴航空〕	136
CX	CATHAY PACIFIC AIRWAYS 〔國泰航空〕	160
CY	CYPRUS AIRWAYS 〔塞普路斯航空〕	048
CZ	CHINA SOUTHERN AIRLINES 〔中國南方航空、中國民航廣州管理局〕	784
DL	DELTA AIR LINES 〔美國達美航空〕	006
EF	FAR EASTERN AIR TRANSPORT CORP 〔台灣遠東航空〕	265
EG	JAPAN ASIA AIRWAYS 〔日本亞細亞航空〕	688
EL	AIR NIPPON(ALL NIPPON AIRWAYS 的子公司)	205
FI	ICELANDAIR 〔冰島航空〕	108
GA	GARUDA INDONESIA 〔印尼航空〕	126
GE	TRANS ASIA AIRWAYS 〔台灣復興航空〕	170
GF	GULF AIR 〔阿拉伯聯合大公國灣航空〕	072
HA	HAWAHAN AIRLINES 〔夏威夷航空〕	173
HP	AMERICA WEST AIRLINES 〔美國美西航空〕	401
IB	IBERIA 〔西班牙航空〕	075
IC	INDIAN AIRLINES 〔印度航空(只飛國內)〕	058
JL	JAPAN AIRLINES 〔日本航空〕	131
JU	YUGOSLAV AIRLINES-JAT 〔南斯拉夫航空〕	115
KA	DRAGONAIR 〔香港港龍航空〕	043
KE	KOREAN AIR 〔大韓航空〕	180
KL	KLM-ROYAL DUTCH AIRLINES 〔荷蘭皇家航空〕	074
LG	LUXAIR-LUXEMBOURG AIRLINES 〔盧森堡航空〕	149
LH	LUFTHANSA GERMAN AIRLINES 〔德國航空〕 (1993 年 7 月開始 以 CONDOR AIRLINES 名義飛行台灣)代號沿用德航的 LH	220
LO	LOT-POLISH AIRLINES 〔波蘭航空〕	080
LR	LACSA 〔哥斯大黎加航空〕	133
LY	EL AL ISRAEL AIRLINES 〔以色列航空〕	114
LZ	BALKAN-BULGARIAN AIRLINES 〔保加利亞航空〕	196
MA	MALEV-HUNGARIAN AIRLINES 〔匈牙利航空〕	182
MF	XIAMEN AIRLINES 〔中國廈門航空〕	731

續表 5-4

識別代碼	航空公司全名	機票系列編號
MH	MALAYSIAN AIRLINES 〔馬來西亞航空〕	232
MI	SILK AIR 〔新加坡勝安航空〕	629
MK	AIR MAURITIUS 〔模里西斯航空〕	239
MS	EGYPTAIR 〔埃及航空〕	077
MU	CHINA EASTERN AIRLINES 〔中國東方航空〕	781
MX	MEXICANA DE AVIACION 〔墨西哥航空〕	132
NG	LAUDA AIR 〔奧地利勞達航空，亦名維也納航空〕	231
NH	ALL NIPPON AIRWAYS 〔日本全日空航空〕	205
NM	MOUNT COOK AIRLINES 〔紐西蘭庫克山航空〕	445
NW	NORTHWEST AIRLINES 〔美國西北航空〕	012
NZ	AIR NEW ZEALAND 〔紐西蘭航空〕	086
OA	OLYMPLC AIRWAYS 〔希臘奧林匹克航空〕	050
OK	CZECHOSLOVAK AIRLINES 〔捷克航空〕	064
OM	MIAT-MONGOLIAN AIRLINES 〔蒙古航空〕	289
ON	AIR NAURU 〔諾魯航空〕	123
OS	AUSTRIAN AIRLINES 〔奧地利亞航空〕	257
OZ	ASIANA AIRLINES 〔韓國亞細亞航空〕	988
PK	PAKISTAN INTERNATIONAL AIRLINES 〔巴基斯航空〕	214
PL	AEROPERU 〔祕魯航空〕	210
PR	PHILIPPINE AIRLINES 〔菲律賓航空〕	079
PX	AIR NIUGINI 〔巴布亞新幾內亞航空〕	656
PZ	LAP-LINEAS AEREAS PARAGUAYS 〔巴拉圭航空〕	692
QF	QANTAS AIRWAYS 〔澳洲航空〕	081
RA	ROYAL NEPAL AIRLINES 〔尼泊爾航空〕	285
RB	SYRIAN ARAB AIRLINES 〔敘利亞航空〕	070
RG	VARIG 〔巴西航空〕	042
RJ	ROYAL JORDANIAN 〔約旦航空〕	512
SA	SOUTH AFRICAN AIRWAYS 〔南非航空〕	083
SG	SEMPATI AIR 〔印尼的森巴迪航空〕	
SK	SAS-SCANDINAVIAN AIRLINES SYSTEM 〔北歐航空〕	117
SN	SABENA WORLD AIRLINES 〔比利時航空〕	082
SQ	SINGAPORE AIRLINES 〔新加坡航空〕	618
SR	SWISSAIR 〔瑞士航空〕	085
SU	AEROFLOT-RUSSIAN INTERNATIONAL AIRLINES 〔俄羅斯國際航空〕	555
SV	SAUDI ARABIAN AIRLINES 〔沙烏地阿拉伯航空〕	065
SZ	CHINA SOUTHWEST AIRLINES 〔中國西南航空〕	784

續表 5-4

識別代碼	航 空 公 司 全 名	機票系列編號
TA	TACA INTERNATIONAL AIRLINES S.A. 〔薩爾瓦多航空〕	202
TC	AIR RANZANIA 〔坦桑尼亞航空〕	197
TG	THAI AIRWAYS INTERNATIONAL 〔泰國航空〕	217
TP	TAP AIR PORTUGAL 〔葡萄牙航空〕	047
TR	TRANSBRASIL S/A LINHAS AEREAS 〔巴西環巴西航空〕	653
TW	TRANS WORLD AIRLINES 〔美國環球航空〕	015
UA	UNITED AIPLINES 〔美國聯合航空〕	016
UL	AIRLANKA 〔斯里蘭卡航空〕	603
UM	AIR ZIMBABWE 〔津巴布韋航空〕	168
US	USAIR 〔全美航空〕	037
VN	VIETNAM AIRLINES 〔越南航空〕	738
WH	CHINA NORTHWEST AIRLINES 〔中國西北航空〕	783
XO	XINJIANG AIRLINES 〔新疆航空〕	651
YR	SCENIC AIRLINES 〔美國豪景航空，飛大峽谷〕	398
ZQ	ANSETT NEW ZEALAND 〔紐西蘭安適航空〕	941

常用術語：

ATB：Automated Ticket and Boarding Pass 自動票券與登機證。

ATC：Air Travel Card 航空旅遊卡，供公司專戶使用，於一定授信額度內先使用，後付款。

BBR：Banker's Buying Rate 銀行買入匯率。

BSP：Bank Settlement Plan 銀行結帳系統。

CPN：Coupon 旅券、交換券。

CRS：Computer Reservation System 電腦線上訂位系統。

EMA：Extra Mileage Allowance 額外哩程減免額。

EMS：Excess Mileage Surcharge 額外哩程加收額。

FBP：Fare Break Point 計費點。

IATA：International Air Transport Association 國際航空運輸

協會。

ISO：International Organization for Standardization　國際標準
認證機構。

MCO：Miscellaneous Charges Order　雜項交換券。

MPM：Maximum Permitted Mileage　最大哩程寬減額。

N/A：Not Applicable　不適用（規則）。

NUC：Neutral Unit of Construction　中性計價單位。

OJ：Open Jaw　一方開口之行程路線。

OW：One Way　單程。

RT：Round Trip　來回程。

OPATB：Off Premise Automated Ticket and Boarding Pass　連
同登機證的機器開票格式。

OPTAT：Off Premise Transitional Automated Ticket　機器開票
格式

PNR：Passenger Name Record　旅客訂位記錄。

PTA：Prepaid Ticket Advice　預付票款之憑證。

ROE：Rate of Exchange　兌換率。

SITI：Sale Inside and Ticket Inside　本國賣出，本地出票。

SITO：Sale Inside and Ticket Outside　本國賣出，外地出票。

TAT：Transitional Automated Ticket　機器開票格式。

TTL：Total　總計、總額。

機票之種類及其有關規定

　　國際機票除了是重要的旅行文件之外，也是有價證券，動輒上萬，因此必須猶如法律專家般仔細與專業去認識及判別機票的種類、內容、格式是認識票務的起步。

機票的定義

1. 航空公司與旅客運送條件的契約，是買受人與運送契約人的合約關係。
2. 是一份有價證件，上面標明了合約的價格，其內容即是基本條款。
3. 必須有明確之買受人（旅客）及運送人（航空公司）之明確記載（或旅行社為其代理）。
4. 以英文形式表達，各國可自行於附頁中各以本國文字說明。

機票的種類

1. 基本上含有四大部分：
   - 搭乘聯。
   - 審計聯。
   - 旅行社（或航空公司）存根。
   - 旅客存根。
2. 因搭乘聯之數目不同，而分為：
   - 一張搭乘聯。
   - 二張搭乘聯。
   - 三張搭乘聯。

・四張搭乘聯。

3.使用分類：

・在同一聯程（Trip）中必須使用同張數搭乘聯之套票。

・用人工開票之一般票（Manually Issued Ticket-Airline）。

・用人工開票之中性票（Manually Issued Ticket-Bank Settlement Plan）。

・含登機證之機票（Ticket And Boarding，簡稱TAB）。

・無票券證之機票（Ticketless）。

・電子機票（E-Ticket）。

機票的內容

為便於認識機票契約之內容，僅將機票各欄位之定義及機能按編定之號碼敘述，同時將其規定一併說明：

1.旅客姓名（NAME OF PASSENGER）：（12歲以下之購票者必須載明出生年月日以便區分是否適宜購買半票）。

2.旅客的路程表（FROM）：表示起／終點城市、一般的機票分四類：a.一張搭乘聯b.兩張搭乘聯（可前往兩個城市）c.三張搭乘聯（類推）d.四張搭乘聯，此欄位則依照比例而有多少欄位。

3.航空公司兩碼的代號（CARRIER）：表示由那家航空公司來負責載送客人，一般分為「有指定」及「不指定」，「有指定」的規定，則機票折扣較大，「不指定」的一般價格與票面價一樣因為旅客可以隨時轉搭其他家航空公司而不受價差之影響。

4.班機號碼與艙等（FLIGHT/CLASS）：班機號碼表示您已預

訂妥當要搭的班次，假若是（OPEN）的話，可以隨到隨搭，或者表示買受人還未決定。一般來說，有預訂的較有保障，所以旅客若原是OPEN而要增加訂位，則可前往航空公司或購買代理旅行社訂位，並要求貼上一份訂位記錄貼紙（一般術語稱做STICKER）。艙等：表示你要使用的機艙位置等級，一般的飛機座位，因付費的多寡，而將機票分為：頭等艙（F）、商務艙（C）及經濟艙（Y），而各類機票可訂位的艙等也跟著不同，容後再敘。

5. 表示出發日期（DATE）：日在前，月在後，以阿拉伯兩碼數字代表日，以英文三碼縮寫代表月，如5月05日以05 MAY表示。

6. 離境時間（TIME）：表示該班班機預訂離開之時間，都以當地時間為標示，因為全世界的地理區因著距離之關係會分布在不同時間區內，譬如台灣是+8，日本是+9，紐西蘭是+12，則日本與台灣時差快1小時，也就是台灣時間早上8點時日本已經早上9點，而紐西蘭則屆中午12點，所以旅行的人，每到一地一定要把錶調到當地時間，然後依照當地時間活動，而機票上所記載的各航段起飛時間就是當地時間，如此一來，你就不會誤了時間，錯過班機。

7. 訂位記錄（STATUS）：在預訂班機上可能會產生許多種狀態，有確定的OK，有候補的RQ，有不佔座位的NS（二歲以下兒童，僅付10%的票額，所以不能佔座位，NO SEAT），以及一種較奇怪的：限空位搭乘（S. A—SEAT AVALIBLE），大致上可能某種極大折扣的票，所以規定上不准預訂位子，就算是預訂了也無效，必須等到該班班機的旅客都登機了，尚有空位，才能補位登機，一般特別便宜的

票，特別折扣票（譬如旅行同業票AD75），就有可能，所以，買到特別便宜的票，就必須注意是否有此限制。

8.票價基礎（FARE BASIS）：此欄是呼應第（4）項的艙等服務，因為基於價格不同，限制條件不同，季節不同，旅遊日期不同，而產生票價不同也因此產生服務艙等不同，譬如最常見的就是前往香港的旅遊票（俗稱），在業界就叫做YE60，Y表經濟艙，E表示來回旅遊票，60表示最少停留三夜，最多停留不能超過60天，假如你的旅行區間適合這個時段，則可適用旅遊票，較正常的經濟票要便宜15%左右。

9.返程機票效期之最早生效日（NOT VALID BEFORE）：大部分針對特惠價格之機票，如旅遊票（YE），特惠票（YAPB），團體票（GV-10），折扣票（AD75）等都給予限制最短停留天數，及最長停留天數，超過這個期間想要提早或延後回程時間都不適用，所以商務旅客常常因為緊急商機必須提前返回，卻因為買了較便宜的旅遊來回票無法變更，常常必須再另外買票回國，花費比原先一般經濟票來得更貴，所以依照需求選擇適用票類格外重要。

10.返程機票最晚之有效日（NOT VALID AFTER）：規範來源同上說明，只是過期了就無效。

11.此欄表示你可攜帶隨機運送之行李（ALLOW）：（不是手攜上機之行李，而是同機飛行之大件托運行李，一般稱做托運行李）之限制大致分為兩類：

· 以重量計：即飛行於亞洲、歐洲、澳洲、中東、印度、非洲等地之航班，每位旅客可運送之不隨身行李規格以重量計，經濟艙是20公斤，商務艙是30公斤，頭等艙是40公斤。

．以件數×體積計：凡是前往美洲或飛行於美洲各國之間，可攜帶二件，其運送行李之限制，第一是以體積計、即行李之長度＋寬度＋高度之總合不能超過62吋（158公分）兩件三圍總合不能超過106吋（269公分，說明白一點就是一件限62吋，一件限42吋，另至於第二限制是重量，即每件不能超過32公斤，至於頭等艙及商務艙之限制較為放寬，即兩件而每件三圍不超過62吋，至於重量則是一樣。所以，在第（十一）這個欄位若是出現20K或30K即表示以公斤計，若出現2PCS，則表示以兩件計再加體積限制，然後每件重量在32公斤之內。

12.表示本張機票之價值（FARE）：雖然你可能以低於此價購買，但是當你在做法律上之權利主張時，是以此記載做為根據，所以本章前提價格均指此公定價，而公定價（明定）即根據各種艙等、時效、使用人種類而有不同，至於在公定價之下，因著市場競爭而產生的折價（或減價），則我們當「賣價」討論。

13.表示各地航空相關之稅捐（TAX）：有的部分是在開票時即已預收，有的是到了當地再予徵收，各地規範不同，所以若有爭議最好拿機票來看最清楚。

14.若有記載不同項目表示還有的限制，一般會有NON ENDOSABLE /NON REFUNDABLE/NON REROUTABLE 或是FOR XX CARRI ER ONLY，則表示此欄之限制優於其他敘述，就NON ENDORSABLE而言是不准背書轉讓，NON REFUNDABLE是沒有退票價值，NON REROUTABLE 是指不准變更行程，而FOR XX CARRIER ONLY是指定搭乘某某航空公司，這是特別要注意的事。

15. 為有效章應有開票單位的鋼印（PLACE OF ISSUE AGENCY）：是用一種打票機敲上去的，表示了開票單位與開票日期，一般都是用鋼印上去的，若用橡皮章的，就要特別小心了，另外也可以從鋼印欄看出是航空公司開票（有AIR LINE字眼）還是總代理字眼（有GENERAL SALES AGENT）或旅行社（TRAVEL AGENT），以確認日後追述權益之對象，目前，大部分航空公司都委由旅行社通過銀行結帳系統（Bank Settlement Plan，簡稱BSP）來處理開票作業，祇要有鋼印，且其中有七碼的數字代號，如錫安旅行社是343-1577，則是合法的識別，可安心使用。

機票的格式（見圖5-5，5-6，5-7，5-8，5-9）

Manually Issued Ticket

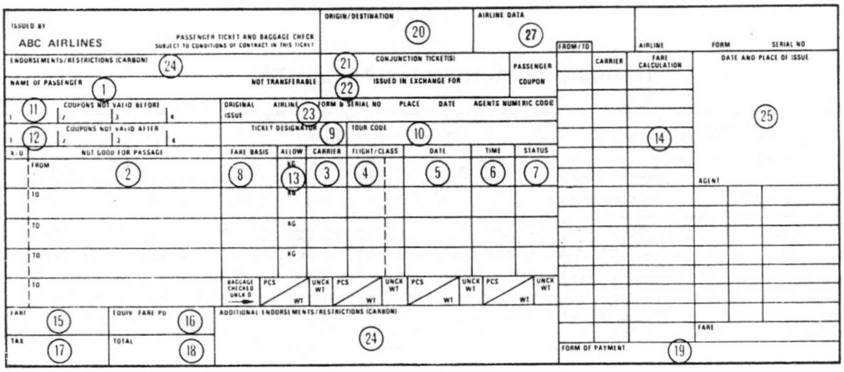

圖5-5由航空公司直接發行之手工開票格式

Standard Bank Settlement Plan Ticket

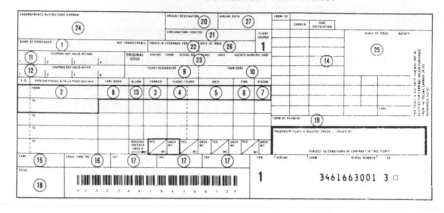

圖 5-6 由 BSP 系統下發行之未限定航空公司之手開票

Transitional Automated Ticket (TAT)

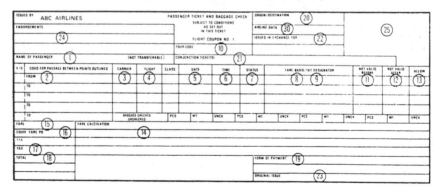

圖 5-7 由航空公司直接發行之機器開票格式

Off Premise Transitional Automated Ticket (OPTAT) Version I

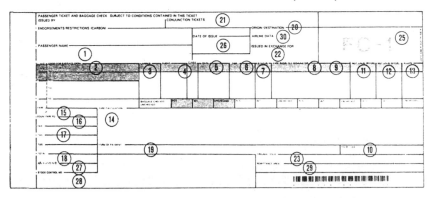

圖5-8 非限定航空公司之機器開票格式

Automated Ticket/Boarding Pass (ATB)

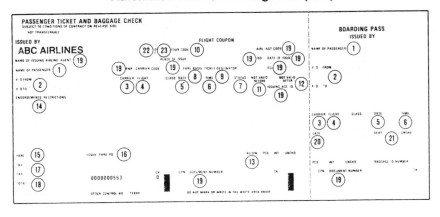

圖5-9 連同登機證之機器開票格式

航空時間之運算

　　航空時間一概使用24小時制，以免上、下午的混淆，而其一律使用當地時間的原則，更便利於運算的基礎。

一、時差區的分界

　　全球將依地理區概略位置及陽光日照時間，區分為24個時區，以英國倫敦格林威治村為起點，向東加時，向西減時，而以西太平洋中經度零為終點，設定為每日最早看到太陽處，因此，在票務中所使用之時間均以當地為準，若有旅者需要跟不同地區聯絡，應能夠依據時區差別來考量遠地區的作習時間，因此，與歐洲往來之業者，通常晚上要工作，因為在歐洲剛好上工。與美國往來，則每天早上要早到，因為對方還沒下班。

二、認識航空班機時刻表

種類

1. 綜合各家的OAG及ABC兩大系統。
2. 各家獨自發行的：僅載明本家與其他有合作契約（Pool Service）之航空公司之班機時刻表。
3. CRS上的班機時刻表：受到指令才「秀」出的時刻表，假如指令錯誤，不清或含糊，可能導致誤解。

內容判讀

1. 為啟程地資料，本例中為加拿大（CANADA）亞伯達省
   （AL-Alberta）的Edmonton，代碼為YEA。

2. 當地時間較格林威治時間（-7，表示晚7小時，台灣則為
   +8，表示早8小時，則兩地時差為15小時）。

3. 為關於本地機場之資料，如艾德蒙吞有兩個機場，各有不同
   代碼，一在市南34公里，一在市北5公里處，表示其位置與
   城市距離之便利度，各有不同之交通服務。

4. 為終點城市，代碼及班機有效期（至12月19日）每天有飛
   （1234567），起飛為YXD機場，9:00起飛，9:40到達，班機
   號碼為CP904，機型為737，艙等JYBHQ（沒有頭等
   〝F〞），中途再停站（O）。

5. 亦為終點城市，但因無直達班機，必須中途轉機（YYZ為多
   倫多），然後抵巴黎CDG機場，班機為AC106接AC870，且
   AC870中途再停1站，且僅1，2，4，5四天有班機可達。

   （見圖5-10）

FROM EDMONTON AL CANADA YEA -0700

- INTERNATION (YEG) 21mls/34kms S of Edmonton check-in 45 mins expect AA 60, AC to USA 60 other Int 90.
- MUNICIPAL (YXD) 3ml/5kms N OF Edmonton. Check-in 45mins expect CP30. ToInternaional Airport

  BUS

  Grey Goose Airport Bus Service from downtown Edmonton.

  Calls at major hotels. Journey time45 mins. Enquiry tel:

  (403)463 7520

Calgary YYC

-	19Dec	1234567	0900	YXD	0940		CP904	737	JYBHQ	0

Paris France PAR
CDG-C De Gaulle

2Jan	-	2·4··	0730	YEG	1303YYZ	AC106	320	JYMBH	0
			1755	YYZ	0835CDG	AC870	747	FJYBH	0
						AC870 Plane change at intermediate stop			
-	-	1234567	0845	YEG	1215MSP	NW1020	D9S	FYBMH	0
			1500	MSP	1735DTW	NW752	320	FYBMH	0
			2040	DTW	1020CDG	NW50	D10	CYBMH	0

出發時間和機
場代號

航班結束日期

航班開始
日期

航班星期別

航班號碼

航機機型

客艙級別

-	27Nov·· 3···	1130	1810	KL587	D10	FCM 0
	-	1··45··	1350	2030	KL583	D10	CM 1
30Nov-	····5···	1350	2030	KL583	D10	FCM 0

TRANSFER CONNECTIONS

停靠次數

	1234567	0750YEG	0800LHR	BA423	757	CM 0
直飛航班		1225LGW	1950	BA075	D10	FJM 1

BA075 Plane change intermediate stop

21Dec-	····5··	1255	1520ZRH	SR791	M80	FCYM *0
		2135zrh	*0510	SR2762	M11	FCYML 0

衝接航般

航行天數指示

航班附註

客艙級別

共用航
線代號

出發和到達時間,顯示時間爲當地時間,當地時間和格林威治時間 GMT 的時差

圖 5-10

三、飛行時間之計算

有時為了明瞭飛行過程，飛行負擔以及各類資訊，因此計算飛行時間乃有必要，其步驟如下：

將起飛及到達之當地時間回歸子午線（International date line），時差為正者應減去，時差為負者，應加回，如台北上午的九點，因其時差為+8小時，回歸之後，則為上午一點，而同樣的夏威夷早上十點，因其時差為-10小時，所以回歸後，則為下午八點，如此則可知夏威夷前一天下午三點（因國際換日線關係，所以應為前一天）與台北上午九點是相同的。

將終點抵達時間回歸後，減去起點起飛時間之回歸，則為實際飛行時間；若被減數小於減數（終點回歸數字小於起點回歸數字，則主動加上24小時，即可得正確數據），實例如下：

1. 華航CI006由台北前往洛杉磯，1610/1305，兩地時差分別為台北+8，洛杉磯-8，所以計算方式如下：
   - 抵達洛杉磯之時間回歸標準時差
     13:05＋08:00＝21:05
   - 出發台北之時間回歸標準時差
     16:10－08:00＝08:10
   - （1）－（2）21:05－08:10＝12:55
2. 澳航QF136由台北1915起飛前往澳洲雪梨於隔天早上0640抵達（1915/0640+1），兩地時差分別為台北+8，雪梨+10。
   - 0640＋2400－1000＝2040
   - 1915－0800＝1115
   - 2040－1115＝0925

3.紐航NZ079由奧克蘭1225起飛，當天1900到達台北，紐西蘭之時差為+12小時。
  - 1900－0800＝1100
  - 1225－1200＝0025
  - （1）－（2）＝1035

機票票價之計算

航空行程繁複，且行程錯綜複雜，自不能使用單段逐級相加而得出，大多使用所謂的MPM系統，即兩個最遠點之間的飛行路線及停留點，其哩程數不超過最大寬容數（MPM，約為兩點直飛的120%）即為可接受之航線，甚而可接受超5%、10%、15%、20%，極大至25%的附加哩程加價，但是一切原則，都依下列流程進行。

一、基本法則

1.將航點連接起來，以判別其路線型態是來回Round Trip／巡迴Circle trip／開口Open Jaw。
2.是否適用單程票價，還是要查詢出假設延伸點（H.I.P.）或共同匯率城市（Common Rates City）。
3.計算各點間旅程數加總。
4.檢查是否有城市額外扣除哩程數（EMA）。
5.檢查是否有超過極大允許哩程數（MPM）。
6.超過多少百分比（EMS：加收5，10，15或25極限）。
7.查出NUC（中性計價單位）。

8.以NUC×ROE求出當地貨幣值。

9.加上應有之當地稅。

10.得出票面價格。

二、特殊計算

半票或兒童票（Children Fare or Half Fare）

就國際航線而論，凡是滿兩歲以上未滿十二歲的旅客，搭乘班機旅行，而且有購買全票的父母親或監護人搭乘同一班機，並且在同等艙位內照顧時，即可購買全票一半價格之機票，與全票一樣佔有一個座位，而且享有與全票相同的免費行李。就國內航線而論，如以使用的票價為國際航線與國內航線分開計算時，其國內航線部分即不一定是半票，因為國內航線之兒童票各國規定不一定是半票，如美國國內航線即為全票的六十六又三分之二。

嬰兒票（Infant Fare）

凡是出生以後，未滿兩歲的嬰兒，由其父母或監護人陪伴，並與其坐在同一班機的同等艙位，照顧旅行時，即可購買全票的十分之一機票，但不能佔有任何座位。其父母僅能將其抱在懷中。嬰兒票沒有免費行李，航空公司在班機上可免費供應紙尿布及不同牌子之奶粉，旅客在搭乘班機一星期以前應向航空公司申請，請其準備。

但在美國國內，所有嬰兒票即為免費。如一監護人或父母之任何一人，帶兩個以上的嬰兒旅行時，第一個嬰兒之票價為十分之一，但其餘的即應收半票。

旅遊票（YE）

　　為提供以觀光旅遊為目的旅客（不太短又不太長）使用，在費率上約為正常票之2/3，為直接SHOW出之價格。

團體票（GV-10）

　　因多數人一同旅行，同進同出而享用的票價，一般是正常票的50%，但已直接SHOW在票面上而不是用折扣方式計價，大致上有人數多寡及停留天數之限制。

同業票（AD）

　　針對旅遊同業為業務需求而提出之特別折扣票申請，一般用AD50、AD75、AD00，各表示不同折扣，但也在訂位權益上有所限制。一般叫Subload票（Sublo——即視空位之狀況而定——Subject to loading）。

同仁票（ID）

　　航空公司提供給內部員工及其他航空公司員工（INTERLINE）之特別折扣有ID75、ID90及ID00，分別享75%、90%及100%折讓。

以台北／洛杉磯／台北來回票為例說明（見表5-5）

表5-5

	成 人 票	孩 童 票	嬰 兒 票	AD 75	ID 90
頭　等　艙	106090	53045	10610		
商　務　艙	70431	35215	7040		
經濟艙(年　票)	39904	19950	3990	9980	3390
經濟艙(半年票)	37329	18665	3740	9330	3730

三、折扣計價

　　為提供有利之價格競爭,市場需求調節、及鼓勵旅行社多集中使用,因此有特殊折扣計價方式。

表面算法

　　航空公司為呼應旅行社代為提供勞務服務,如代辦旅客證照、代訂位、代開票,而提供常態9%的佣金。

實務算法

　　一般的基本佣金已不是以回饋旅行社之辛勞,因此而有額外佣金之提供,如除了基本佣金之9%之外,再加6%～25%不等,甚至用一固定價格來約定,但同時在使用上也受到某些條件之限制,如不准轉讓(Non-Endorseble)、不准退票(Non-Refundable)、不准變換行程(Non-Reruatable),甚或指定某班飛機使用(For resered flight only)。旅行社在販賣時務必讓客戶全盤瞭解,免生糾紛。

獎勵算法

　　原文叫Incentive,也就是航空公司為達到旅行社集中其力量僅代銷某家航空票券之目的,而在達到某種售成績之後,再提供出某個數額或百分比的回饋做為獎勵,因此在市場上銷售量大之旅行社通常都能拿到較優惠之Incentive,間接造成之進貨成本低,比他家更具競爭力,但是若事先就把獎勵算法估到進貨成本而在市場銷售,並非良策,有如飲酖止渴,因為最終到旅行社的手裡也是沒有獲利。

而且此類機票使用上條件受限較多，諸如限時前用完，指定航班：未經使用亦無退票價值，訂位後不可變更、延期，連假除外等等，使用者必須充分瞭解。

行李運送

　　每一位旅者雖然有不同的目的，但是卻都會攜有行李而需要航空器的載運，一般按其載運方式而有下列之分：

一、行李之分類

　　依其使用時機，分有下列五種：

1.隨身與不隨身：指是否隨旅客所搭乘之班機同機運送，一般的同機運送，我們稱之為隨身行李（Accompany Baggage），而不隨機前往的，我們稱之為不隨身行李或後送行李（Unaccompany Baggage）即不隨乘客之該班機前往目的地，一般以長久居留及移民者身分前往他國者較常見，雖非免費，但多享有高至50%折扣的運送費率。

2.手提行李及托運行李。

3.存關行李：凡旅客不必攜進該國內之行李，得存於海關保稅倉庫於離去時，再申報提領。

4.逾值行李：旅客有權個別填報行李價值以做為萬一遺失時之保值，但航空公司需另辦保險手續，且有限值。

5.手提行李：即隨旅客登上客艙的行李部分（Hand Baggage）

由於機上客艙空間有限，一般之規定為一件且在長9吋×寬14吋×高22吋以下，或女用手提包，冬天外衣，不良行者之拐杖或可折合之輪椅，或是飛機上閱讀書刊、嬰兒用品、背架等因應不同人士旅行之小配件。至於托運行李（Checked Baggage）則有較嚴謹之規定。（見表5-7）

二、以重量計算之托運行李（見表5-6）

1. 實施於TC-2，TC-3之區內或區間，以重量計，不以件數計。
2. 一般為經濟艙可攜帶20公斤，商務艙以上則可攜帶30公斤以上。

三、以體積計算之托運行李

1. 實施於TC-1之內，或與TC-1直接往來之班機上。
2. 其計算方式為可托運兩件，體積分別在長＋寬＋高之和不超過62吋及45吋，且兩件總合不超過106吋。
3. 在體積之外，再加計重量，但寬減額較高，即為30公斤×2件，比TC-2、TC-3要寬裕多了。

四、團體行李

團體可選擇統一過磅，可以使旅客托運行李之重量互補，真有特重者再挑出重計，一般稱Pool Bagage！

五、孩童票與嬰兒票之托運行李

1.持孩童票之旅客其免費托運行李之規範同大人票。
2.嬰兒票除了嬰兒必用品之外,如奶粉、尿布、小孩車等,其餘則無免費托運行李。

六、寵物攜帶

1.原則上不同意家畜類上機,但通常每架班機上允許申請兩隻貓或狗之寵物同行,但必需置於貨艙(有些的確小型者,有些航空公司同意攜入客艙)。
2.需一份「防疫注射證明」。
3.入境國「檢疫隔離」。
4.必須以付費行李計算(重量或件數)。
5.有些航空公司規定須注射安靜劑。

表 5-6 超限行李費計算方法

地　區	超 限 行 李 費 計 算 方 法
美洲地區計算方式	1.每超帶一件行李徵收一個計費單位。 2.行李尺寸超限但不超過 230 公分(80 英吋),徵收一個計費單位。 3.行李超帶一件,又超過 158 公分為(62 英吋),但不超過 230 公分,徵收兩個計費單位。 4.任何一件行李尺寸超過 230 公分或重量超過 32 公斤(70 磅),則按該件行李重量計費。 ●45 公斤以下徵收 3 個計費單位,每增加 10 公斤,加收 1 個計費單位。 ● 該超重超大行李之運送務請事先向航空公司聯繫。 註:(1)行李請儘量避免使用紙箱或木箱包裝,以免運工人錯以貨物處理,耽誤領取時間。(2)每件行李都貼上「姓名、地址」標籤,以便一旦誤運時能迅速處理。
歐洲及(東北、南)亞區計算方式	每超過 1 公斤,得繳付頭等艙單程機票得 1%。 例如:到香港的頭等艙票價 7036 元,若行李超過 1 公斤,則加價 72 公斤。

表 5-7 攜帶行李限制

托 運 行 李	艙 等	托 運 行 李	隨 身 行 李
北美洲、夏威夷	頭等、商務	● 限兩件，每件尺寸長+寬+高<=158cm(62英吋)。 ● 每一件不超過32公斤70磅)	● 限一件，總尺寸不超過 115cm(45 英吋)原則上須能置於座位下。 ● 能帶入機內的行李
	經 濟 艙	● 限兩件，兩件總尺寸長+寬+高<=269cm(160 英吋) ● 每一件不超過 158 cm(62 英吋)，每一件不超過32公斤(70 磅)	● 女性用手提包。 ● 禦寒用上衣。 ● 傘或步行用手杖。 ● 相機。 ● 機內讀物。 ● 幼兒食物。
大洋洲、亞洲、歐洲	頭 等	● 無件數限制 ● 限重 40 公斤	
	商 務	● 無件數限制 ● 限重 30 公斤	
	經 濟	● 兩件總重合計不超過 20 公斤	
兩歲以下嬰兒			● 限一件，尺寸不超過 114cm(45 英吋)。 ● 可託運一可折疊的嬰兒手推車。

預約訂位

一、訂位系統之分類

概分人工訂位與電腦訂位。

人工資訊系統

以登記簿的方式，置於Rack之中，逐筆登錄，再轉送總公司，如今電腦發達，定期性航空公司已經不用此方式了，但是有少數觀景用航機為節省成本乃在沿用。

電腦訂位系統（Computerize Reservation System）

CRS最早起源於60年代美國地區的航空公司，當時以AA為首的幾家航空公司，將其訂位網路延伸至旅行社，以供旅行社直接訂航空公司的機位，後來因機密等級的區分，遂將旅行社與航空公司本身職員所使用的訂位系統分開，於是有CRS的產生。

CRS發展至今，其所蒐集的資料及訂位系統本身的功能，都已超越航空公司所使用的系統：旅遊從業人員可以藉著CRS，幫客人訂全球大部分航空公司的機位、主要的旅館及租車，另旅遊的相關服務如旅遊地點的安排、保險、郵輪甚至火車等，也都可透過CRS直接訂位。透過CRS還可以直接取得全世界各地的旅遊相關資訊，包括航空公司、旅館、租車公司的Schedule，機場的設施、轉機的時間、機場稅、簽證、護照、檢疫等資訊皆可一目瞭

然。此外信用卡查詢、超重行李計算費等，皆有助於旅行從業人員對旅客提供更完善的服務。CRS系統已成了旅遊從業人員所必備的工具，也是航空公司、飯店業者及租車業者的主要銷售通路。其功能有：

1.班機時刻表及空位查詢。
2.訂房／租車／旅遊資訊。
3.BSP中性票。
4.票價查詢。
5.委託開票功能。
6.顧客資料存檔功能。
7.行程表列印。
8.旅遊資訊系統（TIMATIC）。
9.參考資料查詢。
10.信用卡檢查系統。

二、訂位之要素

經由航空公司的訂位管制系統所完成的各航班預約資料，即構成其要素，如此才能完整而確實的掌控每一班機的搭乘率以及班機調度與銷售評估。

訂位之概念

航空公司在每天例行性開出的班機上都擁有控位權（Space Avalible），但是也因擔心沒人搭乘而有負擔，因此都能早早開放訂位，以便瞭解市場需求以及位子數量之控制，以達到最高（最佳）之使用率，所以：a.訂位與購票是分開的，b.訂位是保留空位的意

義，並非選擇位子，c.訂位是可以隨時變更的，d.旅客有義務在72小時前向航空公司再確認。

訂位之五要素

1.ABACUS以PRINT　為代號

P≒Phone　訂位者電話

R≒Route　行程

I≒Inform　訂位者人名（通常為旅行社訂位人員）

N≒Name　旅客姓名

T≒Ticket　機票號碼

2.AMADEUS以SMART　為代號

S≒Schedule　行程

M≒Name　姓名

A≒Address　訂位者聯絡

R≒Route　路線

T≒Ticket　機票號碼

與航空公司訂位往來

即是向航空公司訂位，除了在公司內部使用CRS系統外，不論何時何地都可以用電話向航空公司訂位組訂位、取消、再確認或做機上服務之特別要求，其作法如下：（見表5-8）

1.報上自己姓名。

2.此通電話之目的——訂位？取消？還是再確認還是增加項目（如訂特別餐食，選座位）。

3.要訂多少位子。

4.班機及艙等。

5.起訖地點。

6.其他服務：如旅館、租車等等。

7.旅客姓名：若有12歲以下者要報出生年月日，男性、女性要有分別。其使用之英文單字必須有說明，如SUN，S FOR SIERRA，U FOR UNIFORM，N FOR NANCY其例舉如下：

A. ALPHA	J. JACK
B. BRAVO	K. KING
C. CHARIE	L. LILY
D. DELTA	M. MARRY
E. ECHO	N. NANCY
F. FRANK	O. OSCAR
G. GEOGE	P. PETER
H. HENRY	V. VICTOR
Q. QUEEN	W. WHISKY
R. RICHARD	X. X-PAY
S. SIERRA	Y. YELLOW
T. TIGER	Z. ZEBRA
I. IVY	

8.特殊要求：如特別餐、選位子、需要輪椅、嬰兒籃或其他協助（如特別胖或糖尿病需醫療補助等等）。

9.航空公司確認OK，並告之PNR的代號（PNR-Passenger Name Record）。

10.有時，若選訂之機位之客滿，告之彈性之需求，一般會訂一個OK然後繼續RQ（後補）原先的訂位，現在都用CRS訂位，僅順遵循其程序即可。但是，其某些地區仍無法具有CRS，則手工訂位仍有必要。

表 5-8

1.自我確認	This is Wilson Sun, Zion Tour
2.通話目的	And I wish to make a reconfirmation
3.客人數	For two person
4.班機 　艙等 　日期 　起飛時間	On QF 021, economy class, 30th Sep, departure 2130
5.從哪裡到哪裡	From Taipei to Sydney
6.預訂旅館	
7.旅客姓名、聯絡電話 (再確認時,則直接使用 PNR 即可)	For passenger name ： S-U-N C-H-I-N-G W-E-N (Or use Passenger Name Record-PNR)
8.特殊要求	Meal, Non-smoking, Long-leg space ,e t c
9.航空公司答話	
10.其他補強資料	Local comtact telephone number-other request such as special meals or request wheel chair service

何謂PNR？

　1.PNR即Passenger Name Rocord,俗稱旅客訂位電腦代號。

　2.其內容包括了：(**見表5-9**)

　　①電腦記錄成立日期。

　　②電腦代號（所謂PNR即指此數碼,一般由6碼組成）。

　　③旅客姓名（若有同訂單者,姓名會在一起）。

　　④行程及班機資料,並同時標示是OK或RQ（確認或候補）。

　　⑤客人或代訂者（旅行社）電話。

　　⑥ 機票之限制。

　　⑦ 其他需求之註記。

　　⑧ 最後開票截止日期。

　　⑨ 付款方式。

⑩訂位者來源（客人自訂，親友代訂或旅行社團訂）。

表 5-9
①　30JUN 0632Z
②　OF WZAKCU
③　0. C/2ZION/USA/0702/GRP　　　1.1WONG, CHING PO
　　2. 1WONGHWANG/SHOWMEI
　　⎧ 1. EG212 Y 02JUL TPEOSA HK2　　　1435　1755
　　⎪ 2.JL078 Y 02JUL 0SAHNL HK2　　　1950　0815
　　⎪ 3.UA180 Y 05JULHNLSFO QK2　　　0830　1620
④　⎨ 4.ARNK
　　⎪ 5.JLO61 Y 10JUL LAXNRT QN2　　　1300　1615+1
　　⎪ 6.JL061 Y 11JUL LAXNRT HK2　　　1300　1615+1
　　⎩ 7.EG211 Y 27JUL OSATPE QN2　　　1020　1150
⑤　FONE-1. TPETZION/85678998/T.MS.SUN
　　⎧ TKT-1.E2 NOT ENDORSABLE
　　⎪ 2.E*NOT REROUTABLE
⑥　⎨ 3.V25JUN
　　⎪ 4.RIT4JL3ITSO4
　　⎩ 5.030JUNTPE107ITM/I
　　⎧ RMKS-1.AFTER EG/JL FLT CFMD PLZ BUK UA180YO4JUL HNLSFO
　　⎪ 2.BUKG FIRM PER MS SU02　JUN/ROSGTPE
　　⎪ 3.TPE …… ADVN BY 0100Z/08JUN OR WIL CNCL 04JUN/BPRCCRC
　　⎪ 4. NM OPTN TO MS SU 05JUN/RWSGTPE
　　⎪ 5.GRP OEF PER MS CHENG 07JUN/RRSGTPE
　　⎪ 6.RC …… PLZ DAPO CFM X TKS 08 JUN/RWSGTPE
⑦　⎨ 7.TPE …… REGRET UNABLE AT PRESENT 08JUN/SARCCRC
　　⎪ 8.RC …… PLZ DAPO CFM EG201/25JUL X TKS 11JUN/RWSGTPE
　　⎪ 9.JL063/23JUL LAXNRT OK 13JUN/HYRCCRC
　　⎪ 10.GRP DEF PER MS SU ASOF 14KIM/RRSGTPE
　　⎪ 11.SPLIT PRY/26JUN/RHSG/TPE
　　⎪ 12.JL061/11JUL LAXNRT OK 27 JUN/HURCCRC
　　⎩ 13.SPLIT PTY/30 JUN/RHSG/TPE
　　⎧ QUOTE-1.MI30JUN
　　⎪ 2.ITPE EG OSA JLX/HNL UA SFO M571.00
　　⎪ 3.I/-LAX JL TYO EG POE M571.00 FCU1142.00
⑧　⎨ 4.FNTD45680
　　⎪ 5.TNTD2741TW
　　⎪ 6.D*YH/GV10
　　⎩ 7.BPC
⑨　PYMT-1.QNTD48421 AGT/
⑩　RCVD-MULT

訂位與開票

1. 訂位乃在於向航空公司定期航班中確訂某一班機之機位,但並未劃位,即航空公司可將一班200座位之飛機位子售給200位旅客或更多(所謂超額訂位以預防旅客臨時取消)。

2. 超額訂位:由航空公司根據過往搭乘率而研判超額百分比,以防旅客臨時取消而產生空載情形。

3. 劃位:乃旅客持有訂妥機位前往機場搭乘該班機時,再根據機位分布狀況予以指定(商務或頭等艙可以事先指定位子,經濟艙需有特殊情況,如過胖、腳過長、攜嬰兒同行,乘坐輪椅等方可事先指定)。

4. 取消與變更訂位:旅客因行程受限而可採變更訂位之措施,但需前往航空公司處理變更程序並貼上訂正過之貼條(Sticker)。

5. 開票:開票與訂位是兩個獨立作業,可先在若干月前訂位,然後於出發前再買票(一般為7天前),如此可促進效率,又可節省事先支付現金的情況,亦可在開妥OPEN票之後,再決定旅行日期。

三、開票

前往航空公司開票

1. 由旅客攜現金(支票)及護照前往航空公司之櫃檯開票。

2. 由旅行社以機票底價之期約支票及X.O(所謂的Exchange Order,其中註明行程、訂位號碼、旅客姓名及其他資料)

含應稅發票，派員前往航空公司票務部開票。

以BSP自行開票

1. 旅行社先向IATA申請：Passenger Sales Agency Agreement。
2. 根據IATA的授權碼（一般為7碼）：向航空公司申請BSP（Bank Settlement Plan）即所謂銀行結帳計劃，取得該航空公司之授權名版。
3. 向統一結報中心領取空票（必須先行向銀行墊付基金）回旅行社，使用CRS開票（另附開票機）。
4. 定期向結報中心結算報表，清帳、領新票。

BSP的便利

1. 單一之機票庫存（以所申請到的各航空公司名版區分）。
2. 單一的銷售結報報表。
3. 單一的帳單與結帳。
4. 提供管理資料（開票統計功能）。
5. 自動化的操作減少人力支出。
6. 強化與航空公司的關係。

問答題

1. 何謂八大航空自由？又稱何別名？
2. 機票以搭乘聯區分有幾種？其特性為何？
3. 機票之型式又有那些？試敘述之。
4. 機票效期之延伸有何條件？
5. 從台北（+8）1700起飛，當日0500到達夏威夷（+10），請問飛行多少小時？
6. 行李以件論之地區為何？若從洛杉磯飛往東京停留，兩天後再飛回台北，請問行李以何計？反之，在東京因為轉機停留一下，行李又如何計算？
7. ABACUS及AMADEUS之訂位要件各為何？
8. 試解讀下列PNR？

實務研究

1. 上網使用System One／Amadeus之訂位系統演練。
2. 飛行時間之計算。
3. 試填發一張台北／香港之來回機票。

第六章

遊程
設計

- ■ 遊程策劃原則及基礎
- ■ 遊程設計作業
- ■ 郵輪遊程設計
- ■ 國內遊程設計

本章目的

➤ 瞭解國外遊程設計應有之基礎知識。
➤ 瞭解遊程設計之作業應包括市場之分析與區隔定位。
➤ 瞭解外人入國之遊程設計要點及作業流程。
➤ 瞭解國民旅遊之遊程設計要點及作業流程。

本章重點

➤ 遊程設計之基礎知識有票務、旅遊常識、成本概念及行銷概念。
➤ 遊程設計之書面作業要件及其流程。
➤ 國外遊程參考。
➤ 國內遊程設計：外人入國類。
➤ 國內遊程設計：國民旅遊類。

關鍵語

➤ 遊程設計：將旅遊節目以及所需之交通、住宿等有關服務予以規劃，使消費者便利旅行。
➤ 國民旅遊：D.I.T.以本土而言，指本國人在本土內之旅遊活動。
➤ 外人入國In-Bound：以本土而言，指外國人前來我國觀光之遊程。
➤ 出國旅遊Out-Bound：以本土而言，指本國人離開國境前往其他國家或地區旅行而言。

➤ G.I.T-Group Inclusive Tour 。

➤ F.I.T-Forien Independent Traveller 。

➤ Marketing：行動銷售，不僅是人員之接觸，並運用媒體意見，聲光來達到銷售目的。

➤ Market：消費人口所聚集的範圍可以是地理也可以是心理。

➤ Market Segment：市場區隔，指將消費群按其可區分之屬性而給予群體之判別以供行銷對象之用。

遊程設計固然是將旅遊地資源與交通運輸、住宿餐飲聯貫起來而已，但是若能有巧妙的安排，讓消費者之體驗，滿意價格能為大眾所接受，以及把好產品適切的傳達給適用者，就以下各節所述。

遊程策劃原則及基礎

一、基本概念

　　遊程策略必須要能在表面價值之外（你看的風景我也能看，沒什麼了不起的）還能創造較高之附加價值，就必須在基本概念之中加上不同產品，不同市場的多方面考量，才能創作好的旅程設計。

　　遊程為旅行業銷售之商品，概由旅行便利所需之設備組合而成，按美州旅行協會（ASTA）對其解釋是：「遊程，是事先計劃的旅行節目，其中包括了交通、住宿、遊覽及其有關之服務」。

二、遊程之種類

　　遊程之分類可按其內容構成，使用者不同而做以下之分類：

按構成者之目的分類

　　1.現成的遊程（Read Made Tour）：是由旅行社按其市場規劃

而推出之定期性出發之全備遊程。一般稱作Series其最低條件為八個出團日。

2.訂製行程 （Tailor Made Tour）：是由使用者（旅客）依其各自之目的，指定日期而由旅行社進行規劃的單一行程，一般稱作Single Shot 雖然該訂製行程的量可能高達千名，或長達半年出發日，但仍以訂製行程稱之，以企業界的獎勵旅遊，公務機構的自強活動最常見。

按構成內容區分

1.全備旅遊，即具備了旅遊所需之節目，除交通、住宿、遊覽外，並含餐食、夜間節目、導遊解說、領隊隨團以及相關附件如：責任保險、旅館機場接送、行李小費；時下旅行社安排者多為這一類。

2.半成品旅遊：多只具備了航空交通、旅館住宿、機場旅館接送，其餘部分則任由旅客自我選擇、以時下由航空公司籌組之行程為例，又稱Air Package。

3.半自助旅遊：即將空中交通、住宿、及當地套裝遊程任由旅客選擇組裝，不受人數之限制，但仍透過旅行社之安排，以市場上之蘭花假期、紐航假期均屬此類型、近來亦有由航空公司主導之類似產品上市。

三、策劃原則

當確認遊程種類後，始開始進行策劃，其遵守之原則如下：

一般原則

1.預期消費市場的分析。

2.行銷策略的探討。

3.遊程的知識。

4.行程的選擇。

5.品質與服務之定位。

現成的遊程（Ready Made）

1.市場分析與客源區隔。

2.原料取得之考量。

3.本身資源特質衡量。

4.產品之發展性衡量。

5.安全性。

訂製行程（Tailor Made）

1.航空公司的選擇。

2.天數的限制。

3.成本的關鍵與市場的競爭力。

4.前往地點的先後順序考慮。

・地點上之先後順序及地形上之隔絕因素。

・所使用之航空公司航線及票價之因素。

・簽證問題之因素。

・特定目的地之因素。

・旅程情趣之高低潮因素。

5.旅遊方式的變化。

6.淡旺季的區分與旅行瓶頸期間的處理。

7.節目內容的取捨。

8.交通工具的交互運用。

四、遊程規劃所需要之技能

在進行遊程規劃之前，從業人員應先具備某些方面之專業技
能，才足夠調和所規劃的內容，進而促成更高的價值：

航空票務知識

其應用於路線安排，成本節省，遊程順暢，故不得不知。

1.航空票務之基本知識。

2.航空公司航線之特色。

3.航空公司航班之彈性。

4.航空公司航點之涵括性。

5.團體票務之相關常識。

6.航程與簽證之相關性。

簽證知識

簽證是進入他國的敲門磚，必須有詳細資訊才不至於過門不
入。

1.一般要求。

2.取得之途徑。

3.取得之困難度。

4.取得之天數與價格。

5.基本條件之獲得。

國外觀光資源之瞭解

由於牽涉到旅遊享受與觀光目的，因此有必要做以下之瞭解：

1.景點之特殊性。
2.景點之連續性。
3.景點之距離性。
4.景點之多樣性。
5.景點之重複性。
6.景點之比較性。

當地民俗之常識

有關當地民俗常是旅遊文化與文化旅遊之關鍵，因此其重要性非同等閒。

1.特異性。
2.可接觸性。
3.商業性。

國外代理店之資格

在台灣地處海島，如要對外聯絡必須依賴看不到，摸不到的海外代理店，因此以下之特性就益形重要。

1.能做什麼。
2.價格有否競爭性。
3.品質是否穩定。
4.財務是否可靠。

當地交通之條件

交通既是資源的橋樑也是設備的通路，因此應瞭解其：

1. 多樣性。
2. 供應性。
3. 經濟性。

估價之技巧

有謂是經營既在謀求利益之最大空間，所以必須先瞭解成本之：

1. 條件之完整。
2. 自理與代理之差別。
3. 固定與變動成本之計算。
4. 價格之制訂。

行銷規劃之作業

即進行有關產品銷售的行銷企劃。

遊程設計作業

遊程即可視為旅行社的商品，而產品企劃作業為團體作業之一環，其流程可以分為市場分析、設計、成本、估算與訂價及行銷企劃等四部分，茲分述如下：（見圖6-1）

1. 市場分析：
   ・調查旅遊資源的供應面。

- 預測市場的需求面。
- 同業競爭之比較。
- 以使有限資源，投入最適市場。

2.產品設計：
- 以航空公司機票價格做主導型態的路線設計。
- 以旅遊終點站為主導型態。
- 以定時定點的慶典活動做為主導。
- 以不同旅行目的為主導：如遊學、會議、展覽，甚或投資移民類型的產品設計。
- 以目標市場的需求做路線的安排與設計。

3.成本的估算：
- 包括航空機票、輪船郵輪、交通運輸、旅館住宿、觀光門票、導遊接待、簽證服務、隨團領隊、以及可能牽涉到的行銷費用。
- 最終的售價訂定：考慮報名者的來源、成員的組合、12歲以下孩童佔床不佔床的價格差異。

4.行銷企劃：
- 本身條件與外在環境強弱的SWOT分析。
- 通路策略安排及成本安排。

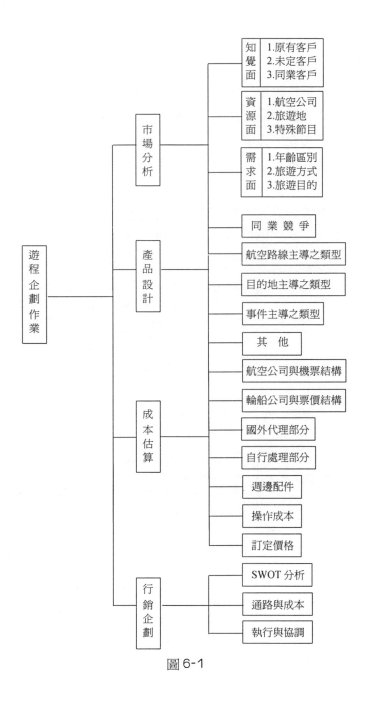

圖 6-1

一、市場分析

市場分析是觀光行銷的前奏曲，以供決策之用，而注重調查的過程才能獲致預期之結果，因此本節研究之範疇例如旅客活動及動機（資源面與需求面），旅客反應及消費調查（知覺面市場區隔）以及在或市場競爭激烈、變化快速的面貌下，皆應加以考慮。

綜合市場分析，應考慮知覺面、資源面、需求面及同業競爭等四大項目，並可以將之整理如（**見表6-1**）：

表6-1

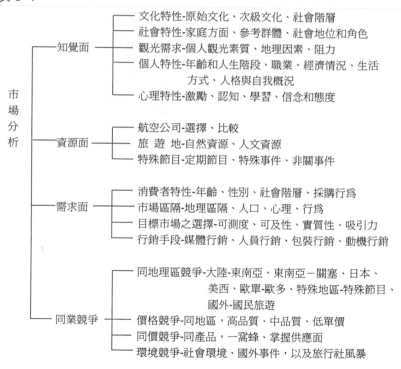

市場分析	知覺面	文化特性-原始文化、次級文化、社會階層 社會特性-家庭方面、參考群體、社會地位和角色 觀光需求-個人觀光素質、地理因素、阻力 個人特性-年齡和人生階段、職業、經濟情況、生活方式、人格與自我概況 心理特性-激勵、認知、學習、信念和態度
	資源面	航空公司-選擇、比較 旅　遊　地-自然資源、人文資源 特殊節目-定期節目、特殊事件、非關事件
	需求面	消費者特性-年齡、性別、社會階層、採購行為 市場區隔-地理區隔、人口、心理、行為 目標市場之選擇-可測度、可及性、實質性、吸引力 行銷手段-媒體行銷、人員行銷、包裝行銷、動機行銷
	同業競爭	同地理區競爭-大陸-東南亞、東南亞－關塞、日本、美西、歐單-歐多、特殊地區-特殊節目、國外-國民旅遊 價格競爭-同地區，高品質、中品質、低單價 同價競爭-同產品，一窩蜂、掌握供應面 環境競爭-社會環境、國外事件，以及旅行社風暴

二、產品設計

產品設計一般均須根據來源而做兩種區分：第一種是由特定團體委託代辦：如私人企業、公益社團、學術機構、公家機關等，大多為單一團、或重點集中團，我們稱之為「代辦」特別團；第二種是由旅行社根據市調、籌劃、行銷而籌組的「招攬」系列團。根據以上兩種類型，其考慮因素如下：

代辦團（Tailor Made）

指由客戶完全規範行程內容日期，且不再對非特定對象招攬之套裝行程。

1.委託團體之需求：
- ・組團之目的。
- ・組團之成員。
- ・組團之目標選擇。
- ・組團要求之品質。
- ・組團要求之價格。

2.航空公司的選擇：
- ・航點進出點。
- ・航班的多寡。
- ・接駁順暢度。
- ・回程便利度能否遍及全省客戶。
- ・客戶對機上服務的喜歡度。
- ・票價的競爭力。
- ・是否另加航段。

3.旅行日期與天數多寡的選擇：
　　・日期與航班的適合度。
　　・是否有季節性的節目造成阻力。
　　・訂房困難度與班機位子困難度之比較。
4.成本預算：是高品質、高單價還是經濟品質、低廉價位？很
　　多客戶大都要高品質低價位，這時應考量地點之選擇。
5.前往地點之選擇：
　　・地點上之先後順序及地形與空間的隔絕度。
　　・所使用之航空公司的配合與票價影響。
　　・簽證問題的解決。
　　・特別目的地的因素。
　　・旅程情緒高低潮之調配。
6.旅遊方式的變化：
　　・文化的節目。
　　・娛樂的節目。
　　・參觀的節目。
　　・自由活動的時間放置。
7.淡旺季的區分與旅行瓶頸的避開：
　　・淡旺季之區分影響旅行成本估算以及機票價格變動。
　　・旅行瓶頸的避開：應注意旅遊地是否有重要的節日，在旺
　　　季結束之前可能可以協商，提前享有淡季價格，而不必非
　　　在旺季尖峰時間前往。
8.節目內容之取捨：
　　・是否具有世界性知名度。
　　・是否具國家的代表性。
　　・是否其他國家難以看到。

- 市區觀光的那一部分最重要。
- 需不需要保留自由活動時間及安排。
- 返程班機之前是否再安排觀光或拜會活動的妥當性。
- 節目的時間限制以及季節性的內容變化。
- 成本的考慮。
- 行程是否順暢，會不會造成機票的價格變化。
- 在整個行程上，天數的比重。
- 簽證的考慮。
- 是否適合各類型旅客參加，有否運動量大，困難度高或需特殊裝備。

承攬團（Ready Made）

指由旅行社主動籌組，對非特定客戶招攬之系列性出發之套裝行程。

1. 市場之分析與客源之區隔。
2. 原料取得之考量：
   - 航空公司：機票之價格航點之進出，機位之供應及公司之政策。
   - 簽證之考慮：申請入境簽證？還是落地簽證？簽證之困難度，多國使用一種簽證，一個人使用多種簽證。
   - 地面代理商之選擇：是否有當地營業之執照、品質之穩定性、價格之水平、人力之充裕。
3. 本身資源之考量：
   - 生產特質。
   - 銷售特質。

．通路特質。

4.產品發展之均衡性考量：

．專精一線還是多種？

．是平行而周到，還是管制而精闢，如長短線兼顧，還是專做長程線？或是只做大陸線？

．是量販店還是精品專賣店？

．是自產自製自銷，還是代銷（OEM）？聯營（PAK）？

5.競爭者的考量。

6.旅行安全性的考量。

三、成本估算

航空公司機票價格

1.確認適用票價法規，必須考慮團體票有關之人數、天數、停留點其他條件之限制，如是GV-10，還是GV-25。

2.FOC之政策：

．GV-10：限定人數必須10人以上，16位以上，每16位有一張FOC，團體折返點可單獨回程，機票效期14～35天。

．GV-25：限定成團人數必須25人以上，無FOC，每團可申請一張1/4，來回總共停5點，機票效期90天，不可單獨回程，除非航空公司特許，另由航空公司規定。

．GV-7：限定人數7人以上即可，同樣享用16+1 FOC，多適用南非地區。

3.台北/高雄進出之規定：有些航空公司可以同時涵括台北——高雄之航段，因此同團旅客可以選擇部分台北進出，

或高雄進出，或由高雄轉台北進出，各家航空公司之價格政策及開票、訂位原則不同，必須事先考量。

4.外加航段：

- Coupon票：適用於美國線若跨太平洋使用同一家航空公司較為便宜，多使用於美國西岸+東岸之行程。南非國內線亦使用此種機票。

- Sector票：在歐洲較複雜之行程，如北歐、東歐蘇聯、西葡摩常有某區段需拉出來單獨開票，或是紐西蘭、澳洲的某段，一般在行程設計上應儘量避免，因為會較貴。

郵輪與票價結構

在遊程中，若有加入一段郵輪航段而形成套裝之一部分則應考慮：

1.艙等種類繁多，差價極大，同一層之艙房因著大小、內外、有無陽台、是否上下舖都有差價，而高低樓層的算法亦需瞭解，一般中間樓層較適合台灣旅客，比底層貴一些比上層穩一些，較近公共設施，雖然沒有陽台，但是OUT-SIDE也有靠窗。

2.三餐及飲料郵輪大多提供5~7餐，但近來有些經濟型之大郵輪進入市場，則有變更，飲料則酒類大多不包括。另外有些單一航段或觀光遊覽船如挪威奧斯陸到丹麥哥本哈根或瑞典斯德歌爾摩到芬蘭赫爾新基，其餐費需要另估。

3.船上設備之使用是否另外計價，是否為旅客常常使用皆必須事先考量與預估。例如溫水遊泳池、三溫暖、電影院、秀場、夜總會……等。

4.外加部分：

- ·船上服務費。
- ·靠岸時之岸上旅遊。
- ·港口捐。
- ·行李費。
- ·機票。
- ·往返港口──機場交通。
- ·有無前後需加訂旅館。
- ·陸上觀光是否牽涉簽證通關。
- ·除輪船進出時間外，需否觀光？

國外代理部分（LOCAL AGENT）

1.全包方式：含三餐、門票、旅館、車輛、簽證、全程導遊、當地機票，甚至參觀拜會訪問之機構安排，特殊會議之場地安排。

2.半包方式：只代訂旅館、車輛、觀光門票及部分有照導遊，其餘三餐、當地解說、甚而自購門票、或另委由Shopping店代提供車輛、交通者。

自行處理部分

1.證件之成本，諸如各國簽證：個別簽證、團體簽證、落地簽證或台胞證。

2.港口稅捐。

3.現金給付，包括：

- ·自訂餐，自購門票。
- ·自訂旅館（含訂房取消違約金）。

・自訂車票（如威尼斯之水上計程車）。

・保險費（契約責任險）

・在台接送費（若有）。

4.周邊配件：

・說明會。

・旅遊說明書印刷費（或旅客手冊）。

・旅遊袋或其他旅行配件。

5.操作成本：

・紙張費。

・操作中心手續費（handling charge）。

・稅金。

・廣告費（預算）。

價格訂定（見表6-2，6-3）

為因應各種不同變數及組合之狀況，應有以下之考慮：

1.最低成團人數。

2.FOC原則。

3.兒童價：又分佔床、加床、不佔床。

4.部分參加之價格。

5.只購買機票之價格。

6.單獨回程之價格。

7.內部轉帳價格。

・對分公司（或同公司其他部門）。

・對同業。

・對直客（有時也機動性訂定對同仁及其眷屬之價格，一般
都用在促銷時機）。

表 6-2 旅遊估價申請單

月　　　日

日　期	行　程	要價單位	
		電　話	
		對方承辦人	
		公司業務員	
		要價條件	
		人數(級次)	
		出發日期	
		航空公司	
		旅　館	
		特殊節目	
		FOC	
		領　隊	
		小　費	
		其　他	
		接件單位回覆	

表 6-3 旅行社團費預估表

團體名稱：		人　數：			旅行日期：		
申請單位：		聯絡人：			電　話：		

	內　容	15+1	20+1	25+1	30+2	CHD
機票	NET： / INV： / SEC：					
當地團費						
機場稅	國內： / 國外：					
簽證						
領對費用	機票： / VISA： / 出差： / MIS：					
雜費	小費： / 日用金：					
其它費用	說明會：　　　H.C： / 保　險：　　　A D： / 手　冊： / 旅行袋：　　接送：					
建議售價	同　業　　外幣					
	直　客　　台幣					
	訂　價　　合計					

備註： 1.本估價表有效期至 ＿＿＿年＿＿＿月＿＿＿日止

2.季節變動影響價格 ＿＿＿＿＿＿＿＿＿＿＿＿＿＿＿

3.外幣靠右，台幣靠左

核准：＿＿＿＿＿＿　　初核：＿＿＿＿＿＿　　製表：＿＿＿＿＿＿

四、行銷企劃

行銷一詞來自MARKETING，行銷企劃就是把行銷程序，按先前研究之市場分析，所做決策以及產品設計的成果，進行銷售流程，一般會包括三項基本項目：

狀況分析

如（圖6-2，圖6-3，表6-4，表6-5）之圖示說明：

1.產品內容分析。

2.競爭力分析。

3.外在環境分析。

4.市場潛力分析。

5.行銷活動。

行銷策略決策

1.標的市場。

2.產品定位。

3.行銷目標。

4.行銷技術。

5.行銷組合。

計劃實施

1.活動規劃與執行預算。

2.行銷程序控制。

3.行銷規劃評估。

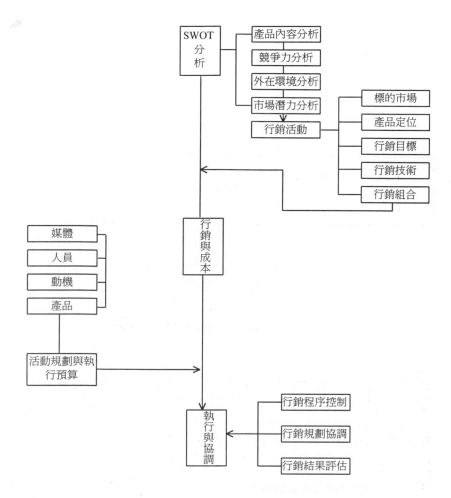

圖 6-2 行銷企劃流程圖

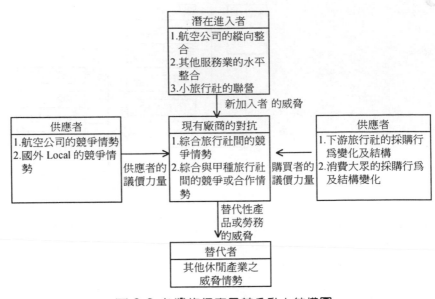

圖 6-3 台灣旅行產品競爭動力結構圖

表 6-4

潛 在 的 內 部 強 點	潛 在 的 內 部 弱 點
1.長程線事業競爭優勢、市場佔有率、產品研發採購能力被認同為市場的領導者之一。 2.企業化的管理優勢、首開吸收企業管理專業人才進入旅行社，引進策略管理系統管理制度與能力。 3.資訊網路優勢、自有資訊電腦網路發展之專業人才。	1.短程線事業競爭弱勢地位市場佔有率低、產品研發能力相對弱勢。 2.行銷通路缺乏穩固。 3.內部組織運作效率相對弱。 4.低獲利率。
潛 在 的 外 部 機 會	潛 在 的 外 部 威 脅
1.旅行市場吸引力高，成長率高。 2.中南部鄉村地區市場規模大，旅行業少。 3.航空機位供應量增加。 4.大陸出國旅遊市場的進入機會。 5.新稅制規範下，靠行旅行社的正常化。 6.政策的開放。	1.同組群策略動向的調整 2.不同組群策略逼進，競爭壓力增大。 3.消費者需求改變快，愈多樣化。

表 6-5

			媒體促銷	商品促銷	人員促銷	動機促銷
主要目的	類型內容	主要目的	利用媒體的力量，改變意識型態和行爲的促銷。	利用商品的直接接觸改變意識型態或引起行爲動機的促銷。	利用當場表演意見領隊的口頭傳播等人員接觸方式實施的促銷。	利用利益誘導的方式改變意識態度或引起行爲動機的促銷。
		次要目的				
思想（認知）過程	廣告認知	知名度	1.大眾化媒體過濾。 2.定期性。 3.定版性。 4.年度預算。 2-1 媒體選擇。 2-2 媒體選擇。	1.產品設計、實用性、經濟性。 2.產品包裝、設計。 3.行程表、簡介。	1.塑造錫安人外型建立形象。 2.自我廣泛訓練。 3.行業通才訓練。	1.SP 活動。 2.週年紀念節日紀念。 3.百萬元贈獎。 4.教師大招待。 5.清涼大抽獎。 6.重點計劃。
		內容度	1.報紙新聞稿。 2.雜誌專訪。 3.專欄社論。 4.旅訊。	1.包裝設計、美化行程表、強調特色。 2.幻燈展示會之籌劃。 3.說明會活動之設計。 4.商標之運用。	1.專業知識之加強。 2.資料中心之建立。 3.讀書會或 SALES MEETING。 4.專業工具(交通配備)	1.媒體+SP 2.參加者即有獎。 3.贈品展示，動之以利。 4.爲顧客構想的產品。
信仰（態度變化）	購買意向	商品接觸	1.旅訊。 2.DM.(客戶過濾)。 3.旅行行業相關企業和廣告(飛機、旅店、車子)。	1.幻燈展示會。 2.說明會。 3.影片介紹。 4.旅遊相關產品聯合促銷。	1.銷售工具配備。 2.隨時贈送之物品。 3.跟蹤銷售。 4.親友銷售。 5.集團銷售。	1.剪報贈品(讀者文摘式)。 2.剪報優待。 3.強大分公司做幕後服務。
		潛在客戶	1.旅訊。 2.DM。 3.型錄索取卷。 4.只有顯在客戶才有的利益誘導。	1.NEWS LETTER 2.新產品發掘新客戶。 3.刺激購買動機。 4.剪角贈送。	1.參加社交活動。 2.參加社團(青商會、秘書會)。 3.建立自我形象。	1.意見調查表。 2.商品問卷。 3.擒賊擒王(寧爲雞首，不爲牛後)

續表 6-5

	類 促 型 銷	媒體促銷	商品促銷	人員促銷	動機促銷
行	購買行動	購買層擴大	1.媒體 RE- VIEW。 2.專業媒體之加強。 3.旅客名單之公布出國之公布	「請來公司」活動交通方便，招待親切，環境舒坦。	1.參加社交活動。 2.參加社團。 3.發表會。	
		活買 絡活 購動	1.DM。		1.公益活動。 2.各項競賽。 3.內部休閒活動。	
動	繼續購買	1.旅訊。 2.旅友投書，領隊心聲遊記。 3.幻燈展示會。	1.旅友俱樂部。 2.團體照片之贈送。 3.個人照片之交換。	1.返國追問，改良品質。 2.返國問卷，附贈品。 3.改良品質。 4.追蹤銷售。	1.返國座會，藉活動展開 RE- SALE (老顧客)問卷追蹤。 2.旅友紀念會。
		1.推薦旅友。 2.旅訊。	1.資深旅友紀念章。 2.旅行推薦折扣。		1.推薦旅友。

五、訂製遊程規劃之流程

1.取得客戶對遊程需求之條件。

2.取得需求彈性空間。

3.確認工時限制性（合理性、競爭性、真實性）。

4.製作需求單（每日行程之合理性、操作之可行性、價格之經
   濟性、客戶需求之價值性）。

5.繪製路線簡圖。

6.估價（經驗法、比較法、實估法）。

7.訂價（成本利益法、市場價格法、分類訂價法）。

8.制訂證件條件。

9.制定報名條件。

10.注意事項（訂金、截件日、最少成團人數……）。

郵輪遊程設計

　　郵輪產品已經逐漸在市場上蔚為風潮，當人們在陸上玩過了時，而由於郵輪路線及其內容都由船公司固定了，旅行業只是從中去選取較適合國人口味的航程，以及將陸、海、空交通做一適切串聯，是為其重點。

一、瞭解郵輪遊程的結構

航程的內容

　　是航行多？還是靠岸多？是白天航行？還是晚上航行？台灣人還是不適合太長久的海上航程，因此跨洋式的行程，如跨太平洋、跨大西洋的類型可能較不適合。

航線的特色

1.航行在那些地區，其觀光價值對國人認知的定位為何？台灣人還是以好奇、觀景及享受來看待郵輪產品，所以具有國際知名度的觀光點才會有吸引力。

2.航靠點為何？還是多在海上航行？靠港地方的觀光活動為

何？世界上具港灣型的國際都市並不多，像靠在基隆港就要到台北才有觀光價值，從阿卡波可到墨西哥市還要開上一天的車程，必然要減輕其觀光的熱望。

3.除了搭船，搭飛機以外，有無其他變化的交通工具可提供，以增進其趣味性呢？

4.航點是否都在同一類型之地區內，還是有跨越文化的不同？

船艙的判讀

1.靠海的？還是內側的？

2.窗子大？還是小？

3.有否陽台？（價格當然不同，但是有些船是每個艙房都有陽台的）！

4.是平面舖位？還是上下舖位？

5.一般艙房有多大？狹小嗎？一般在輪船上的空間絕對比陸地上小，不要被照片的角度給模糊了！

二、接駁安排

1.國際段機票：有些郵輪在價格上也有包含很經濟便宜的國際機票往返港口，但多指定日期，指定班次，且預訂後不能更改的航班，要思考其配合度與適用性。

2.陸上接送：同樣的，當國際旅客抵達海外時，機場往往跟港口離很遠，如漢城與釜山，其間的接駁是否用陸路還是空路就是思考的關鍵。

3.是否有自費行程？需否把它涵括在預收團費中，這要由原創的思考去判斷。

4.輪船遊程之外，前後段銜接的遊程是否值得安排？像前往搭乘阿拉斯加郵輪，就會考慮加入溫哥華及維多利亞島，甚至順勢遊覽洛磯山脈的美景，在這條航線上是很通俗的。

三、訂位與訂金

1.訂位期間要多久？國外郵輪通常在6個月前已經被訂一空，因此及早規劃乃屬必要。
2.訂金與取消的處理，一般的訂金很高，取消時也要收取高額取消金，面對台灣消費者多變的心態，不得不慎重，且要讓消費者在開始考慮時，即要有此情報。
3.取消違約保險金，近期已有保險公司提出此一違約保障保險，即是在報名之初即多繳一筆小錢（約70～80美金，與訂金動則500~600美元要小很多），萬一在出發前有事不克前行，則只是損失保險金而已。

四、如何估價

其要項如下：

1.基本費用（單人附加）。
2.提早訂位折扣。
3.取消免責金（保險）。
4.港口稅捐。
5.接駁交通。
6.飛機票。

7.領隊費用（單人附加）。

五、認識郵輪使用者的特性

喜愛與使用郵輪遊程的人，可依其特性尋出一些共通性：

1.遊遍世界的人。
2.有錢，有閒有情調的人。
3.年約45歲上下，事業穩定的人。
4.喜歡休閒勝過觀光的人。
5.兒女成群，退休賦閒在家的銀髮族。

國內遊程設計

概分外人入國及國民旅遊兩種模式，其安排角度及思考因素，因為使用者的人文背景不同，也有著極大差異。

一、外人入國（Inbound Tour）

指外國人到本地旅遊之行程，由於風土民情不同，旅遊需求不同與停留時間長短，都影響設計上之考量。

分析來華旅客心理並瞭解需求

首先要從消費者心理需求面做充份瞭解。

1.歐美人士：

- 講求合理性：以理性判斷事物，根據判斷付諸行動。
- 重視金錢觀念：對物品及服務重視其適值觀念。
- 重視時間觀念：珍惜時間及守時的觀念。
- 重公共道德：不喜歡吵雜場所，注重公共衛生。
2.日本旅客：
- 重形象：重語言藝術，愛整齊。
- 愛面子：自尊心強而獨斷，必須注意溝通。
- 重感情：重視人與人之關係。
- 集團志向高，喜歡團體行動。

遊程設計分類

再進行分類分型的遊程規劃。

1. 現成遊程：如台北市區觀光、故宮半日遊、北海一日遊、環島定期五日遊、花蓮太魯閣豪華航空一日遊、陸空兩日遊。
2. 訂製遊程：由國外客戶直接要求路線行程、內容以及人數，量身製作，包車包團，時下以日本旅客為多，甚至有為兩人訂製，含導遊接待之類型者。
3. 會議旅行：為因應在台舉辦之國際會議訪客而設計之遊程，有由主辦大會指定全員參加之訂製遊程，有開放給來賓付費參加之現成遊程，亦有配合隨行眷屬，不開會之隨行人士之遊程設計，較為錯綜複雜。

設計要點

其考慮因素與實地安排如下：

1. 旅客到離時間之銜接，早班機與晚班機到達有不同的接待安

排。

- 最佳交通工具之考量。
- 考量各類型節目之分配，亦要包括購物、照相等休閒活動。
- 注意季節不同，日落時間之變化，避免早出晚歸。
- 如果長達一周以上的周遊旅行，最後一天儘量安排輕鬆的行程。

2.不同類型旅客的安排：

- 家族旅行：旅行日程以最年少或最年長者為擬定之基礎，飯店以中級者為佳，並事先調查有無小孩之娛樂設施（如夏天有游泳池的）。
- 團體的旅客：轉接交通工具之時間應較寬裕，若為婦女成員較多，則購物時間應較長。
- 招待旅行：應向招待單位做好確認工作，諸如迎接、宴會、會議場地、節目順序及團體中重要人士之認識。
- 新婚旅行：行程不要太趕，旅館要安靜優雅，並且給一些額外的服務，如送花、給小禮物。

旅程製作的順序

製作旅程最要緊的是站在旅客的立場，謹慎加以安排，其順序概括如下：

1.依旅行的目的，決定旅行地點與順序。
2.整個旅程，以日數來分配（太勉強的地方要刪除調整），決定住宿地點。
3.根據時刻表，填入交通運輸之出發與到達時間。
4.概算旅程上必要的費用：

・交通費：鐵路、飛機、巴士。

・住宿費。

・餐費：早、中、晚餐。

・門票、入場券費用。

・導遊費。

・雜費。

二、國民旅遊

所謂Domestic Tour，指由國人參加之本地兩天以上之旅遊，其遊程設計要點如下：

市場調查

國民旅遊市場競爭與市場分布概況，蓋以國人為標的，基於同文同種之因素也相對的衍生行銷（Marketing）因素，因此必先有市場調查（Market）。

1.客源分析：找尋目標市場方能發掘客源，研究客源的特性，以瞭解其購買決策。

・調查範圍：客源所在、旅遊時間、旅客類型、消費能力、旅遊活動、旅遊動機、影響因子。

・調查方法：一般而言，對客戶調查其對未來旅遊需求之意願導向，旅行業採用的方法概分有詢問法、實地觀察法及實地體驗法三種，茲分述如下：

A.詢問法：係直接向旅客詢問，由旅客依所提問題來回應作答的方式。

B.實地觀察法：係直接前往觀光地區或目標區，進行旅遊產品的使用情況及反應度之觀察，同時也從銷售資料中分析研究，規劃可行或改良計劃。例如：地方特色之旅（白河蓮鄉、綠島等）。

C.實地體驗法：係從事真正的試驗，以檢測市場反應及接受度，集前兩方法之優點。

• 資料蒐集：除了上述調查方法外，亦應廣泛蒐集旅行業和國內外相關資料，加以參閱研究，強化產品品質及其市場生命力。蒐集資訊的來源茲分列如下：

A.公司本身的營業銷售記錄、客戶資料檔案。

B.政府（如：觀光局）的觀光統計交通統計資料、研究報告。

C.學術單位（如：大專院校、觀光相關科系）研究報告、研討會發表報告。

D.觀光局風景特定區印製的宣導資料。

E.內政部營建署國家公園組印製的介紹國家公園相關參考資料。

F.各國家公園遊客服務中心製作的宣導資料。

G.台灣省旅遊局印製所管理的風景區相關資料（如：合法標章風景區查詢）。

H.林務局管理森林遊樂區的宣導資料。

I.行政院退輔會管理之林場或農場資料（如：武陵、嘉義、棲蘭及東河農場）。

J.報紙旅遊專欄（如：民生報、聯合報、中國時報....等）。

K.旅遊雜誌及旅遊相關書籍、電子媒體等。

L.電視旅遊節目及專題深度報導。

M.利用交通、通訊、氣象及觀光資訊查詢自動傳真回覆系統。

N.上電子佈告欄（BBS）、國際網際網路（INTERNET）查詢相關資訊。

2.原料供應：在旅遊市場上要能掌握旅遊產品供應的資源，比較其條件的優劣點，方能規劃理想的組合產品。因此在產品企劃上須考慮的因素可分為交通資源、旅遊地資源、膳宿資源、特殊節目資源等，考量其商機及利基所在，並結合旅客的需求面，方可在市場行銷中的精彩出擊。

• 交通資源：國民旅遊因天數較短、旅途範圍較小、交通資源的考量以其合作的「利多」、「機動」為要點，而選擇項目主要有巴士、鐵路、航空公司、輪船等。

• 旅遊地資源：係指能吸引旅客前往該地消費並在生理、心理方面滿足其知性、感性的條件。美麗的寶島台灣擁有無限秀麗的風光，政府單位如觀光局、旅遊局、林務局、地方政府觀光單位及民間旅行業者亦致力開發規劃優良的休閒遊憩的景緻，設計精緻的旅遊產品。

• 膳宿資源：國民旅遊產品行程大多在團費中包括餐膳，住宿費用，因此在餐廳及旅館的考量特別需審慎選擇安排。

• 特殊節目資源：年度節慶展覽，如台北燈會、中華美食展、國際旅展、台南鹽水蜂炮（元宵節）、原住民豐年祭。

3.市場區隔：

• 依消費者年齡、性別、教育程度及採購行為傾向做變數。

• 研究旅客的旅遊行為及習慣。

• 選擇目標市場。

• 行銷手法：有媒體行銷（報章廣電）、人員行銷（業務、

OP）、包裝行銷（D.M.印製及動機行銷）。

4.同業競爭：

・價格競爭：

A.同地區、同行程的產品，因行程品質內容不同可能產生價格的差異。

B.公司要推出的是高品質高單價的產品還是薄利多銷的產品。

・地理競爭：

A.國民旅遊客源轉往國外旅遊。

B.澎湖、綠島、蘭嶼等均屬渡假島嶼。

・同儕競爭：

A.同類產品競爭機率。

B.供應面的數量是否被快速抄襲，無法掌握市場生命力。

C.市場轉移的速度。

・環境競爭：社會、經濟、政治環境的重要事件，如中共軍事演習導致金門觀光事業低迷。

旅程設計原則

必須從客源特性，再行進行下列流程：

1.組團方式：

・特定團體委託代辦安排行程內容：如學術機構、公家機關、民營企業公司、公益社團等委託規劃。

・招攬系列團：旅行業經由市場調查、企劃、行銷計劃、年度出團計劃或假期、季節系列之行程。

・承攬團：如旅行社自行或PAK，對非特定客戶招攬之按時

出發的套裝遊程。

2.產品類型：依其產品的性質及經營規劃方向可分為以下三項類型：

・團體旅遊行程：天數安排，季節安排，連續假期安排，區位安排，獎勵、會議旅遊行程，教學參觀行程，主題行程及歸國華僑參觀行程等等不同形。

・個人旅遊行程：自由行，如環島鐵路旅遊聯營中心安排之行程或旅行業與旅館業、風景區遊樂業的互動合作規劃之行程。

・套裝遊程：旅行同業合作（如：台汽假期、環島鐵路之旅、四季風情之旅、長航假期等）及航空公司的航空假期。

成本估算

成本估算除了應考慮交通運輸成本、旅館餐廳成本、風景區門票成本、自行處理部分外，尚須考慮價格訂定原則，周邊配合成本、操作成本及其他成本等，茲舉例如下：

1.直接成本：

・交通運輸：分別以巴士、航空公司、輪船舉例之。

　A.巴士：

　　a.車資單價（依型式、乘坐人數、車齡）。

　　b.車輛數量、種類、配備。

　　c.使用天數。

　　d.總價。

　B.航空公司機票價格：

　　　　a.確認適用票價規定（如團體、個人票、效期）。

　　　　b.FOC政策及人數核算。

　　　　c.航段、航程。

　　　C.輪船票價：

　　　　a.基本價格（如：艙等、餐食飲料、船上設備）。

　　　　b.外加部分（如：服務費）。

　・旅館餐廳

　　A.旅館：

　　　　a.房間類別及價格（如單人房、雙人房、家庭房、團體
　　　　　房價）。

　　　　b.房間數量及淡旺季使用價格（平日、假日、連續假
　　　　　期）。

　　　　c.總金額及優惠部分。

　　B.餐廳：

　　　　a.用餐類別（中式、西式）及菜單內容。

　　　　b.數量、總金額。

　　　　c.明細價格，包括稅捐、服務費等。

　・風景區門票：

　　A.票價規定（大人、兒童、其他優待身分人士）。

　　B.人數、總金額。

　　C.優惠部分。

2.價格方案成本：

　・最低成團人數之訂定。

　・兒童價格。

　　A.與大人同級享受。

B.有餐位、車位、無床位。

　　C.有餐位、不佔車位，不佔床位。

・FOC原則。

・淡旺季價別。

・公司內部轉帳價格。

　　A.對分公司。

　　B.對同業、直客。

3.間接成本：

・自行處理部分。

　　A.訂旅館餐廳之取消違約金。

　　B.保險費（如履約、契約責任險）。

　　C.車輛油資。

・周邊配合：

　　A.召開說明會。

　　B.旅客手冊及旅遊宣傳D.M或說明書之製作費用。

　　C.旅遊袋、名牌或其他旅行配件製作費用。

4.操作成本：

・稅金。

・廣告費（如有預算）。

・印刷紙張費。

・其他。

表 6-6 國內旅遊估價單

日程	日　　　期				主辦人：　　　　　之旅　　　　　電　話：		
	月	日	週				

估價單內容說明	交通費	高級冷氣遊覽車　座　輛 飛機 火車 渡輪		服務特色及注意事項	1. 本公司特派經濟豐富，服務熱忱之專人負責導遊。 2. 途中或晚會時，協助或提供設計精彩餘興節目。 3. 本公司已依旅行業管理規則第53條規定，投保責任保險及履約保險。 4. 本公司信約責任保險為新台幣＿＿萬。 5. 旅客請自行投保旅行平安保險或由本公司代為投保。 6. 參加人數臨時增減時依雙方協議方式收款，但甲方人數應於出發前七天向乙方確定(房間、桌數、門票、保險、火車票、船票等)各項開銷，以實際支出數量計算車輛過路費、導遊出差費用，代辦費以輛計算，臨時取消不在此限。
	住宿費	套房			
	膳食費	早餐 午餐 晚餐			
	雜費	旅遊平安保險 門　票 過路費 司　機　　　　導遊			
	小　　　計			每人平安保險　　　　萬元整	
	服務費(含責任保險)			中華民國　　年　　月　　日提出	
	合　　　計			覆核　　　　　　經辦人	

總人數		付款辦法	訂　　金	餘　　　　額	認可簽署	簽署機構＿＿＿＿＿
每人費用			請付足總額	出發前　日付清		
每車費用			1/3			簽署主辦人＿＿＿＿＿
總金額	NT$					

206……旅運實務

表 6-7 國民旅遊報價業務單

團號			主辦人			領隊	
團名		之旅	公 司				
日期	年 / ～ / 天 宿 餐		地 址				

人數	男 女 童 共計 人		住　　　宿			餐　　　飲		
			Hotel	預定	暫定	確定	B	L	D

交 通	車 內 內 外			
	搭 船			
	火 車			

住 S 宿 T G				冷 氣 車行：　　　　人 普 座 輛	備 註
餐 B 飲 L D					

完成事項請打✓，需要準備事項打( )

雜 費	保險 門票		訂金	統一編號	訂房	彩品	急救箱	團費	晚會	伴唱機
	彩獎 器材		名冊	保險	訂餐	車牌	擴音器	旗子	介紹	歌本
	過路橋		簡章	訂車	徽章	領隊	手電筒	重團康	熱忱	
	領隊 小費									

小計			交待事項 1. _____
服務			2. _____
佣稅		20% 25% 30%	3. _____
合計			
報價	/ 每人$ 包辦	%	發票 抬頭：　　　　　　統一編號：
成交	/ 每人$ 包辦	%	總額 $　　訂金 $ /　　$　　$
取消	/		

董事長或總經理：　　　會計：　　　主管：　　　製表人：

問答題

1. Ready Made及Tailor Made 之遊程設計所考量事物有何差別？
2. 遊程設計所需技能為何？
3. 市場分析之簡要流程為何？
4. 成本估算之流程？
5. 外人入國之遊程與國民旅遊有何異同？
6. 如何設計郵輪行程？
7. 試繪製一行銷企劃圖表並填入相關資料。

實務研究

1. 蒐集各地區各類行程型錄加以比較。
2. 練習行程剖析，將航班、路線、節目內容、售價、給予比較並在地圖上演練。
3. 播放有關景點之錄影帶（以國外旅遊及國民旅遊為例）。

第七章

導遊
實務

- ■ 導遊定義與分類
- ■ 導遊人員之管理
- ■ 導遊之各項工作
- ■ 導遊實務工作

本章目的

➤ 瞭解導遊之工作及特質。
➤ 瞭解導遊工作之流程。
➤ 瞭解導遊必備之條件。
➤ 瞭解導遊工作應注意事項。

本章重點

➤ 國際上導遊之分類。
➤ 我國導遊之分類與定位。
➤ 導遊人員甄試資格與考試項目。
➤ 如何成為一位適合的導遊人員。
➤ 導遊工作之各項流程與實務作業。
➤ 導覽之技巧。
➤ 各國旅客之心理與導覽工作。

關鍵語

➤ Guide：導遊之主要工作，或稱導覽與解說員，以指引遊客觀賞事物。
➤ Through-out Guide：即導遊兼有領隊之工作範圍並在一國內執行。
➤ 全陪、地陪、段陪、點陪：大陸上對領隊、導遊、導覽、解說員之說法，大致以其工作地域範圍來區分，兼有解說與照顧團體之工作。

導遊一詞，顧名思義，就是有分寸的道引觀光客至本國（或本地）遊覽、觀光並滿足旅客對文化、風俗、藝術及其他知性方面的需求，由於觀光旅遊大眾化以後，這個行業就因應而生，變成一種專業，以從事接待及引導觀光客旅遊，並接受報酬或酬佣的行業。

導遊定義與分類

　　導遊工作在各國的環境下各有不同，但是國際上各國對其之定義亦會影響對工作本質之瞭解，本節試圖從國際上角度與我國之定義做一敘述。

一、國際上之定義與分類

1. Tour Guide：遊程嚮導，包含Local Guide，City Guide及Step-on Guide，都以觀光行程導覽，以市區為其工作範圍。
2. Urban Guide：地區導遊，除了市區之內，並對其近郊有足夠解說能力者，以對地區深入瞭解為專長。
3. Goverment Guide：在政府單位及其附屬單位中專門擔任解說工作。
4. Driver Guide：司機兼導遊，在美加澳紐等地區幅員遼闊地帶，由觀光遊覽車駕駛於座位邊架設麥克風兼任嚮導工作。
5. Business Guide：商事導遊，由私人企業所雇用，專門設置於企業或工廠內，對訪客做技術性說明。
6. Adventure Guide：探險導遊，對野外活動或水上活動有專長

的人，專長於登山、潛泳、釣魚、泛舟等。

7. Tour Manager：在遊程中除嚮導外，並管理團隊中有關各項安排，與我國之隨團領隊意義相似！

8. Interpreters：解說員，雖然按字面只是個翻譯，但是更進一步的，這些人都必須對文化、藝術、歷史有深入的研究，而大多受雇於私人企業做定點導遊。

9. Docents：Valunteer Guide義務導覽員，在大部分的森林遊樂區、博物館或美術館、科技館，均有志願服務解說員，這些人大部分對其講解主題有獨到深入的研究，甚至是這方面的專家。

二、我國之定義及分類

1. 依據我國發展觀光條例第二條第九項：導遊人員是指接待或引導觀光客旅遊而收取報酬的服務人員。

2. 專任導遊：指受僱於固定旅行社，全職專業從事導遊業務之人員。

3. 特約導遊：指領有導遊執照者，註冊於導遊協會，臨時受雇於旅行社或政府機關團體以接待外國訪客者。

4. 因擅長之外語而分有英語、日語、法語、西語及韓語導遊。

三、導遊人員之基本風範

即導遊人員應具有之基本條件與特質。

專業能力與表達技巧

1.豐富的導覽地知識與相關常識。

2.流利與清晰表達的語言能力。

3.環境應變的技巧。

本身的修養與應有品德

1.代表國家的端正儀態。

2.誠實與尊重行業的敬業態度。

3.以公司利益為先，以旅客的享受為本。

高度的精神

1.永遠以親切、熱忱面對客人。

2.勿預設立場，處事耐心而細心。

3.輕言諾，重履行。

導遊人員之管理

根據發展觀光條例中，第26、33、36、40、41條規定，已經對導遊有了初步規範，再依據其第47條規定，另衍生了導遊管理規則共25條。對其資格任用、執業、獎勵及處罰均有明確規範。

一、考試資格與執業證

導遊甄選報名資格

依據發展觀光條例第26條規定：導遊人員，應經中央主管機

關或其委託之有關機關測驗合格，發給執業證書，並受旅行業僱用，或受政府機關，團體為舉辦國際性活動，而接待國際觀光旅客之邀請，始得執行業務。其甄試資格如下：

1. 積極條件：根據導遊人員管理規則第4條規定：經教育部認定之國內外大專以上學校畢業或大專應屆畢業生，符合下列規定者：
   - 中華民國國民或華僑年滿二十歲，現在國內連續居住六個月以上並設有戶籍者。
   - 外國僑民年滿二十歲，現在國內取得外僑居留證，並已連續居住三年以上，且其本國法令准許中華民國僑民在該國執行導遊業務者。
2. 消極條件：依據導遊人員管理規則第5條規定，有下列情事之一者，不得為導遊人員。
   - 曾犯內亂、外患罪，經判決確定者。
   - 非旅行業或非導遊人員非法經營旅行業或導遊業務，經查獲處罰未逾三年者。
   - 導遊人員有違導遊人員管理規則，經撤銷導遊人員執業證書未逾五年者。

導遊甄試測驗科目

依導遊人員管理規則第6條規定如下：

1. 筆試：
   - 憲法。
   - 本國歷史、地理。
   - 導遊常識（含：交通、經濟、政治、文化藝術及觀光行政

法規等旅遊常識）。

・外國語文（就英、日、法、德、西班牙、阿拉伯、韓、印
尼、馬來語、義大利及俄語任擇一種）。

2.口試內容包括：

・外語口試（限與筆試所考外國語文相同）。

・國語口試。

執業證

導遊人員需佩帶執業證才能執行工作，並隨時受檢。

1.完成職前訓練：參加導遊人員測驗合格者，應接受專業訓
練，並依規定繳交訓練費用。導遊人員訓練之課目，由交通
部觀光局訂之。

2.加入導遊協會，據以向觀光局請領執業證書。

3.在職訓練：導遊人員應參加交通部觀光局或其委託之機關團
體舉辦之在職訓練。

4.三年未執業：應重新參加導遊人員訓練取得結訓證書，始得
重領執業證書及執業。

二、導遊之管理

大多依據發展觀光條例而來，包括資格、任用、獎勵及處罰
及依據其第47條規定而訂定之導遊人員管理規則。

資格

1.甄選資格（導四）。

2.禁用資格（導五）。

3.考試科目（導六）。

4.訓練（觀廿六、卅三）。

任用

1.分專任及特約導遊（導三）。

2.專任導遊之執業證由旅行業申請（導九）。

3.特約導遊之執業證由導遊協會申請（導十、十一）。

4.執業證每三年查核一次（導十三）。

5.執業證換發、毀損、遺失之處理（導十四、十五）。

獎勵

（觀卅六、導廿一）。

處罰

1.不得之行為（導廿二）。

2.違反發展觀光條例（觀四十、四十一）。

3.違反導遊管理規則（導廿四、廿二）。

三、中華民國觀光導遊協會之組織與任務

組織

1.會員：依據中華民國觀光導遊協會章程第5條規定：導遊人員應經交通部觀光局或其委託之有關機關測驗及訓練合格，取得結業證書，贊同本會宗旨，經本會理事會通過，得為本

會會員。

2.會員大會：為最高權力機關，在會員大會閉會期間由理事會代行其職權。會員大會之職權：
　・訂定或修改本會章程。
　・議決重要會務。
　・選舉理、監事。
　・審核預、決算。

3.理、監事會：置理事二十七人，監事九人，候補理事九人，候補監事三人，由會員大會選舉之，組織理事會及監事會、理事互選常務理事九人，組織常務理事會，監事互選常務監事三人，並互推一人為召集人。置理事長一人，由理事就常務理事中選任之，理事長之連任以一次為限。理、監事任期均為兩年，連選得連任之，均為無給職。

4.秘書長：置秘書長一人，由理事長提請理事會通過聘任之，承理事長之命處理日常事務。視事實需要，設秘書等工作人員，分組辦事；並得設各種研究委員會。

任務

依據中華民國觀光導遊協會章程第4條宣示，其任務為：

1.研究觀光學術，推展導遊業務。
2.遵行政府法令，維護國家榮譽。
3.蒐集、編譯，並刊行有關觀光事業之圖書、刊物。
4.改善導遊風氣，提昇職業地位。
5.促進會員就業，調配人力供需。
6.合於本會宗旨或其他法律規定事項。

導遊之各項工作

在我國之導遊工作，除了解說以外，還兼有照顧團體旅客在國內停留期間之各項安排的聯繫與品質控制，可說是兼具了隨團領隊的角色，與歐美系統較不相同。

一、導遊人員的工作範圍

1. 準備工作：指旅行團抵達前，對於瞭解團員、準備資料、熟悉旅遊地等工作謂之。
2. 接團工作：指前往機場迎接團體，並安排車輛、行李裝運及轉往飯店接送等作業。
3. 接待工作：包括飯店住房安頓、市區觀光導遊、用餐及夜間自費行程等作業。
4. 送團工作：指辦理退房相關作業，由飯店送往機場，在機場辦理登機及送離出境之作業。
5. 結團工作：指團體結束後結帳及團務報告等作業。

二、導遊人員的知識要素

即是導遊的表達技巧與充分的知識。

說話的技巧與表達藝術

1. 語意清晰，目標明確。

2.語氣穩定，引經據典。

3.充分準備，順序道來。

4.具幽默感，偶爾輕鬆。

充分的旅行知識

1.訪客國的國際知識。

2.地主國的天文地理。

3.地主國的法令與郵電知識。

解說的知識

1.涵括美學、建築、史地、民俗及動植物。

2.區域性的比較與差異性，以顯示獨特性。

3.各種場合必要的立即翻譯。

國際禮儀的知識

1.餐桌禮儀：包括各式餐具之使用、座位之搭配以及進食中應
有的禮儀，酒類飲料使用方法。

2.進退禮儀：包括初見面之問候、名片遞受、茶水遞送、進出
電梯、車、船應有的步驟。

3.交通規則：包括英制、美制及因應各地民俗所具備的行車、
走路禮儀。

4.服裝儀容規範：包括不同的場合應有的服裝及其搭配知識。

5.生態保護知識：包括瞭解當地生態之保護措施及有關環境保
護之行為之知識。

6.民俗禁忌：各國風俗民情因地而異，要入境問俗、入鄉隨俗。

三、導遊方法與解說技巧

導遊方法

1.適當的組織團體，注意團隊的集中性，避免自言自語。
2.精通知識並且靈活運用，適時適地表達而非一味按章操本。
3.在車、船上佔據的位置不應影響旅客視覺，且應先導再覽。
4.讓旅客明瞭每一個步驟以做必要之配合以免導遊自行其是。
5.注意旅客對觀光地之需求，必須配合上洗手間、拍風景照的時間與動線。
6.欣賞繪畫或藝術品時要預留給旅客自我欣賞的空間，不用說個不停，但求扼要。
7.注意安全要比講解不停重要。

解說技巧

1.引經據典，要有年代與數據，並以旅客之時空背景切入。
2.語意平穩，不要為求說完而急促或咬字含糊。
3.音量以能聞達為止，勿大聲或小聲，亦要選擇干擾最小之環境來做說明工作。
4.配合不同主題旅遊，如商務考察、度假療養、文化欣賞、體育活動而調整講話語調，用詞深淺，以及表達方式是精神的、和緩的、優雅的或是簡捷的。
5.將全程解說內容有計劃的組合，配上表達的主題以及旅程中的時空背景，讓旅客能夠與環境的結合來接納你的解說。
6.靈活的題目，配合突發的狀況，給予機會性的主題變化。

7.不能說出你的外語不佳而要求旅客原諒，而應慎言謹行，不清楚的地方寧可請教團員而避免硬充萬事通，再以語言不佳而要求原諒。

8.設身處地幫旅客的立場思考，避免「教育旅客」的姿態出現，不用諷刺或影射的字眼出現。

導遊實務工作

導遊在執行業務時，必須靈活運用，才能把原則性工作適切傳達給旅客，因此，必須在不變原則下，彈性應用下列流程。

一、準備工作

在接到旅行社之派任後，到面對旅客執行導覽工作前，導遊人員即應進入準備工作狀態，以便確實、圓滿的完成導遊工作。

自身的準備

1.生理的準備：生活習慣要正常化以維持健康的體能，避免過飲過量的應酬節目。

2.心理的準備：調整情緒、集中工作精神，要儘量釐清雜思。

3.知識方面的準備：充實外語方面的詞彙，演練特殊領域的知識以配合到訪旅客的特質。

瞭解旅行團之基本資料

1.研究行程的特質與流程中的各項安排等資料。

2.瞭解旅客到訪的性質與本地之關係。

3.瞭解旅遊者之結構以補充可能的知識領域。

4.瞭解有無特殊之旅客,如病殘人士或特殊飲食者之照顧。

物料準備

1.金錢:部分現金、簽帳單或訂金單等。

2.旅行配件:如車條、團名條或行李掛牌等。

3.服務憑單:如旅館、餐廳及派車單等。

4.各類證照:如導遊證、機場接待證、服務證及個人名片等。

5.日常藥品:隨車急救箱或萬金油、仁丹等提神品。

6.擴音器:是否需配合環境而使用。

7.助興品:如車上的錄影帶、伴唱帶、錄音帶。

二、接團作業

在前往機場迎接旅客時之相關作業。

前置作業

1.儀容整潔,務必給人端莊,清潔的印象。

2.核對資料,再次核對各項文件,特別是派車、旅館住宿與班機抵達之確認。

3.如接機後隨即前往外地,應檢查隨身行李之物件是否齊備。

機場接待

1.瞭解接待工作者是否就定位,如遊覽車是否抵達、行李車是否待命、助理人員是否就位,請航警核簽派車單。

2.迎接旅客後要迅速掌握人數與行李，並請服務人員展開工作。

3.與對方領隊確認各項接待工作如人數、行李、日程與回程。

4.瞭解團員於旅程有無特殊狀況之處置。

旅館住房

1.先獲知所有之房間號碼，並瞭解其位置及單、雙床之設備。

2.請領隊配房，或配妥後，請領隊過目。

3.抵達前，宣告旅館使用之注意事項以及有額外收費之項目。

4.提醒設備使用之方法，如電子卡鎖，用房鑰才能開啟的電源，以及其他特殊設備等。

5.說明下次會面的時間、地點以及應攜帶物品。

6.提醒安全守則，貴重物品寄放櫃檯、保險箱。

上述有關機場接待以流程圖說明如（圖7-1）：

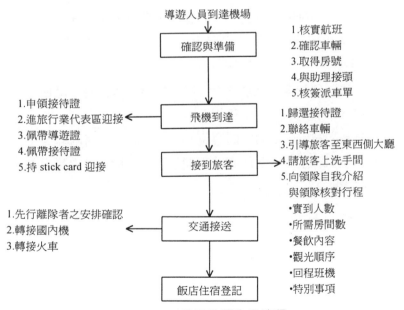

圖 7-1 導遊機場接團作業流程

三、接待工作

除了機場迎送、旅館住宿安排、餐食安排之外,接待工作才是導遊人員最重要之一部分。

觀光遊覽

1. 在車上先運用導覽技巧簡要說明。
2. 下車前,先告知觀賞時間、觀賞動線、拍照、上洗手間以及萬一迷失之會合方法。
3. 注意上下車以及行進間之安全。
4. 注意清點人數(避免用手指點人頭之方式)。

夜間觀光

1. 多以步行逛街觀賞為主,因此,應在車上充分解說。
2. 清楚說明時間、集合及及動線,並要求集體行動,以免走失。
3. 注意財務安全、飲食安全、購物安全,因此應不隨便吃食、或向不明攤位或人士購物。
4. 若為觀賞室內表演,則應說明表演期間、服務內容。
5. 必須引導至座位並說明洗手間位置以及散場後之集合點(現場說明)。

自費行程之應用

1. 應在自由活動時間推薦旅客參加。

2.應將收費內容、節目內容、服務內容以及參加之價值向旅客說明。

3.應考慮同團中旅客之異質性，不可勉強，並應事先知會該團領隊。

4.注意確認人數，收妥費用，並向旅客保留預定確認之彈性，以免訂不到位子。

購物行程之導遊作業

1.最好在行程中已有安排。

2.必須不影響既定之觀光行程。

3.獲得該團領隊之同意。

4.充分介紹商品之特色，價值以及品質，並做與其國內之比較。

5.應做旅客諮商的對象，不用避諱佣金的制度，但要確實讓旅客物超所值。

6.每一處購物時間以一小時為佳，為防延滯，應在50分鐘時進行提醒。

用餐時之作業

1.向餐廳確認到達時間、人數、菜單以及特殊飲食之數量（素食或不吃牛肉等）。

2.向旅客宣告各項內容、用餐時間、預定集合點。

3.額外費用：如單點飲料之價格，並協助之。

4.妥善安排客人分桌入座，並儘量安排家族或夫婦或同行人同桌。

5.萬一有調動座位時，一定要徵得原座者同意，避免在眾人面前直接指揮（吃飯皇帝大）。

6.注意餐桌儀態，避免因經常往來，與店家熟識而顯出老大心態。

四、送團作業

團體遊程結束後，仍需將旅客送至國門離境，俾便旅客進行下一階段遊程，其工作如下：

送機前的作業

1.確認全團之返程機位及特殊要求者。

2.由於返程機位均由組團旅行社安排，若於再確認時有問題應具實以告，避免似懂非懂。

3.確實反映班機情報。

4.向旅客介紹出境手續及行李打包之方式。

5.安排旅館之Check-out作業及行李集合之諸事項。

機場送機

1.提前到旅館辦理旅客結帳，若有個帳，應提示旅客自行結帳。

2.檢視行李以及送機車輛是否提前到達。

3.提醒旅客私人小物品是否帶齊，房鑰是否繳回、保險箱有否存放貴重物品。

4.再次清點行李及人數。

5.前往機場途中介紹機場出境通關概況，並代表接待社感謝全團旅客，下次再度光臨。

辦理出境作業

1.清理送機車輛中任何物品以免遺漏貴重小物品或托運大行李。
2.讓旅客集中等待通關。
3.問明旅客是否有特別座席之要求（如抽煙席）。
4.繳還證件（護照、機票及登機證＋機場稅）。
5.請領隊宣告（或由導遊代辦）登機門、離境時間、免稅品提領。

五、結團工作

導遊人員除接待工作外，仍有控制預算及反應團體資訊之機制，其要點如下：

結帳

結算──接待工作所使用經費之細目並有明確之收據，為求詳實起見，導遊應有隨時隨手記帳之習慣，並於團體離去後，當日結帳，以免日久生疏，導遊工作切忌帳務不清。

提出服務報告

將接團過程中之異狀或突發之緊急事件納入報告以做為後續追蹤或提出解決之道。

後續服務

1. 旅客留華期間委託事項。
2. 購物商品派送情形。
3. 有否旅客遺忘物品需要寄送。

問答題

    1.導遊與領隊有何差別？

    2.我國導遊之工作與領隊之工作有何差別？

    3.略述國外導遊之分類？

    4.略述大陸導遊之分類？

    5.導遊甄選之要件？

    6.導遊之管理？

    7.導遊人員的知識要素為何？

    8.導遊應如何處理購物安排？

    9.導遊應如何處理自費行程？

    10.導遊應如何處理意外事故？

實務研究

    1.台北市區一日遊，各景點參訪、說明、導覽且應將故宮排入，並行文聯絡導覽人員解說。

    2.在眾人面前作使用麥克風的練習。

    3.演練適地性的團康。

第八章

領隊工作

- ■ 領隊定義與資格
- ■ 領隊工作之前置作業
- ■ 遊程中之工作
- ■ 緊急事件處理
- ■ 從業人員之訓練

本章目的

➤ 瞭解領隊工作特質與必備條件。

➤ 瞭解領隊之基礎工作。

➤ 瞭解領隊在旅遊中之工作及技巧。

➤ 瞭解領隊返國後之結團作業。

➤ 領隊工作之緊急事件處理。

➤ 如何成為一個成功的領隊應有之訓練。

本章重點

➤ 領隊工作技巧。

➤ 緊急應變技巧。

➤ 領隊基礎訓練課程。

➤ 領隊自我訓練之準備。

關鍵語

➤ 領隊：指國外旅行時，由旅行社派出之工作人員，除監督品質外，並做為旅行社的代理人，沿途解決旅行團的困難。

➤ 領團：指國內國民旅遊，由旅行社派出的隨團服務工作人員。

➤ 導遊：導覽旅客去瞭解所參訪地的一切資訊，並協助以其他輔助資料幫助旅客瞭解。

➤ 解說員：定點解說的專家，對於駐在地的背景有充分瞭解，並長期駐在擔任解說工作。

➤ through-out：由台灣出發之領隊，兼任全程導覽工作，不再另外聘用當地導遊。

在全備旅遊中，因為涵括了觀光遊覽以及食宿安排，因此每個設備提供者都需要相互間的聯繫以及服務的銜接，於是產生了團隊領導（Tour Leader）、團隊經理（Tour Manager），以及團隊保護者（Tour Escort）的角色功能，在我國，依據旅行業管理規則第32條「綜合，甲種旅行業，經營旅客出國觀光團體旅遊業務，成行時每團均應派遣領隊全程隨團服務…」，所以，統稱為領隊。

領隊定義與資格

一、領隊之定義

試比較西方與國內對領隊的定義，敘述如下：

源起於西方的定義

即所謂的Tour Escort、Tour Conductor、Tour Leader、Tour Manager、Tour Director，他是旅程的管理者，在現場代表旅行社立場，使遊程順利，保障旅遊品質價值相當，並使旅程圓滿完成的人。

我國學者的說法

1. 葉英正在觀光術語一書中說：領隊乃是指旅行業或旅遊承攬業派遣擔任團體旅行服務及旅程管理人員。
2. 旅行業管理規則第32條則說：綜合，甲種旅行業經營旅客出國觀光團體旅遊業務，成行時每團均應派遣領隊全程隨團服務。

3.修訂中觀光發展條例第2條，對領隊人員之定義為：指領有
執業證，執行引導出國觀光團體旅客旅遊業務而收取報酬之
服務人員。

二、領隊分類

現行法規上的分類

1.專任領隊：具有領隊訓練結業證書，並由任職之旅行業向觀
光局申請領隊執業證，而執行領隊業務之旅行社職員。
2.特約領隊：導遊人員具有領隊訓練結業證書，經由中華民國
觀光領隊協會向交通部觀光局申請領隊執業證，而臨時受雇
旅行社執行領隊工作之人員。

實務上的分類

1.依執照類別分：
- 國際領隊：可執業於全球各地區。
- 大陸領隊：僅可帶團前往大陸及港澳地區。
2.依受雇條件分：
- 專業領隊：具有合法領隊執業證受雇於固定旅行社並全職
以帶團為其工作者。
- 特約領隊：具合法領隊執業證，或受雇於他家旅行社，或
為領隊協會之特約領隊，均稱之。
3.依身分地位分：
- 旅行社隨團領隊：即為上述領有觀光局合法執業證者。
- 企業領隊：或稱團長。可能是廠商招待的贊助者，獎勵旅

行的企業主，是團體的組織者，亦協助處理旅行團事宜，
但非關領有報酬者。

4.按專長分：

・長程團領隊：因遊程遠而操作複雜並需較強語言能力，較
豐富經驗之旅行團之領隊，一般指飛行六小時以上航程
者。

・短程團領隊：指遊程短，且在遊程據點中已有當地華語導
遊全程陪同並安排各項節目，其操作困難度較小，一般指
東南亞、東北亞地區或渡假地。

三、領隊甄選與執業證

領隊甄選報名資格

領隊人員甄選時，應由綜合甲種旅行業推薦品德良好、身心
健全、通曉外語並有下列資格之一之現職人員參加：

1.擔任旅行業負責人六個月以上者。

2.大專以上學校觀光科系畢業者。

3.大專以上學校畢業或高等考試及格，服務旅行業擔任專任職
員六個月以上者。

4.高級中等學校畢業，或普通考試及格或二年制專科學校。三
年制專科學校。大學肄業或五年制專科學校規定學分三分之
二以上及格，服務旅行業擔任專任職員一年以上者。

5.服務旅行業擔任專任職員三年以上者。

領隊人員之甄審

領隊人員之甄選，其甄試科目為：

1. 外國語文：英語、日語、西班牙語（任選其一）。
2. 領隊常識：內容包括：
   - 旅遊常識（含：旅行業管理規則等觀光行政法規）。
   - 國人出入國境手續（含：海關及證照查驗等規定）。
   - 帶團實務。
   - 旅程安排。
   - 航空票務。
   - 外國土地。

領隊人員之講習

1. 領隊人員於甄審合格後，必須參加交通部觀光局或其委託之機關講習、結業合格才可以領取領隊執業證。
2. 凡具有導遊資格之人員，不須甄選，得逕行參加講習，結業合格後亦可以領取執業證。
3. 連續三年未執行領隊業務者，應重行參加講習，始得領取執業證。

執業證

1. 依旅行業管理規則第33條第四項規定：領隊應經所屬旅行社向觀光局申請取得執業證始得執業。
2. 特約領隊則由中華民國觀光領隊協會辦理。
3. 專任領隊為其他旅行社帶團，需經雙方旅行社簽署借用領隊帶團同意書。

四、領隊與導遊之區別（見表8-1）

服務對象

1.領隊以服務出國觀光旅客為對象，多為本國人。
2.導遊以服務入國觀光旅客為對象，多為外國人。

工作範圍

1.領隊以保障旅遊產品之完整，保護旅客安全及沿途照顧為
　主。
2.導遊以觀光解說，風景區導覽為主。
3.但是國內導遊也兼具了許多類似領隊照顧旅遊產品的工作。
4.而領隊對於沒有導遊的地區也要兼負起導覽與解說的工作。

甄審方式

1.導遊重學歷，領隊重資歷。
2.導遊可自行報考，領隊需由旅行社推薦。
3.導遊考試重語文，領隊考試重旅遊常識。

管理條例

1.導遊人員有專屬導遊人員管理辦法。
2.領隊人員之管理則依附在旅行業管理規則之中。
3.基本管理限制大致相同。

表 8-1

特　　性		領　隊　人　員	導　遊　人　員
服務對象		出國觀光客 (outbound) 為主	來華觀光客 (inbound) 為主
分　　類		專任及特約	專任及特約
管理法源		旅行業管理規則 (第 32 條至第 35 條)	發展觀光條例(第 2 , 3 ,26 , 33 , 34 , 36 , 40 , 41 , 46 條)及導遊人員管 理規則 (全文二十五條)
管理機關		交通部觀光局	交通部觀光局
執照取得	專　　任	由任職之旅行社向觀光局 申請執業證	由旅行業向觀光局請領發給專任 導遊執業證書
	特　　約	由中華民國觀光領隊協會向 觀光局申請執業證	由中華民國觀光導遊協會向觀光 局請領發給特約導遊人員執業 證書
培訓	類　　別	講　　習	訓　　練 (分專業及在職兩種)
	過　　程	甄審合格->講習結業->領取 執業證->充任	測驗合格->專業訓練 ->(結訓證書)->執業證書->執業-> 在職訓練->執業
	連續三年來 未執業	應重新參加講習，結業始可 申請執業證	應重行參加訓練，結訓始可申請 執業證書
校　　驗		每年按期將執業證書繳回綜 合甲種旅行業或中華民國觀 光領隊協會轉觀光局校正	每年查驗執業證書一次,有效期間 三年，期滿應申請觀光局換發

五、領隊人員的管理

　　有關領隊人員的管理並無獨立之法規而是依附於旅行業管理規則第32條至第35條，其管理之重點如下：

1.領隊為全備旅遊中由旅行社派遣之隨團工作人員（32條）。
2.領隊之派遣需具備執業證，若為他家執業證，則為借用，若為特約領隊則需登記於領隊協會（32條）。
3.領隊於執業中應遵守國家規定，代表旅行社執行旅遊契約之內容（35條）。
4.領隊也有不當之行為（35條）。
5.領隊失誤或不當行為，由派遣旅行社負其善後之責任。
　　旅遊契約14條：應派領隊及執行應有任務。
　　22條：惡意棄置旅客於國外。
　　28條：旅途中任意變更行程。
　　29條：國外購物。

六、領隊工作之特質

　　領隊帶團乃代表公司執行業務，必須謹言慎行、善盡職守、熱忱服務，以謀求全體團員之整體利益為其職份。

領隊應具備之條件

1.具有合格領隊證。
2.服務旅客的積極態度。

3.強健的體魄。

4.豐富的旅遊專業知識。

5.良好的外語表達與溝通能力。

6.足夠的耐性。

7.領導統御的要領與技巧。

8.良好的操守與誠摯的待人態度。

領隊之職守

1.確實按行程表，督導配合當地旅行社，完成既定行程。

2.確保旅途中團員及自身之生命財產安全。

3.執行公司託付之角色與工作。

4.維護公司信譽、形象。

5.蒐集通報旅行有關之資料及訊息。

6.協助團員解決困難，提供適切之資訊。

7.隨機應變，掌握局勢，以求圓滿完成任務。

領隊的誡律

1.據實報帳，不淨報、不虛報。

2.勿在背後批評團員。

3.不可涉及異性關係。

4.金錢往來，一清二楚。

5.遵守法令，不教團員做違法的事。

6.與團員當地導遊相處，嚴守分際。

7.行止端莊，自重人重，避免奇裝異服。

8.不賭博、不酗酒、不攜購違禁品。

9.誠信待客，不可輕諾寡信。

10.購物活動不可勉強，不可欺騙。

如何做好領隊工作

1. 出發前：
   - 出發前充分準備，按表核對所需辦理的事項。
   - 有可能發生的事要提前告知旅客預防。

2. 執行業務時，面對團員：
   - 向團員宣布事情或說明要做什麼事情時，不要說：「你們怎麼樣…」，而應說：「我們現在怎麼樣…」，以拉近領隊和團員的關係。
   - 當領隊發件、登機證或稱呼團員時，切忌直呼大名，應該加個頭銜或先生、女士等；當集合點人數時，切勿以手指客人計算，這是大不敬，應該使用計數器或以暗的方式點齊旅客人數，而且應不厭其煩的每次都親自點名，否則失落了團員將有更多的麻煩。
   - 團員中因組成的成分較複雜，總有些團員聽不懂國語只聽台語或客家語的，領隊應就其比率做適當的處置，以便讓全部團員能接受所有的訊息。
   - 以合適的口語發揮專業知識，讓旅客覺得頗有所獲。
   - 以誠相待，旅客莫不以之回報。
   - 關心旅客的日常起居，相見時的寒喧很重要。
   - 要能讓旅客在他們需要您幫助時，能夠找到您。

3. 執行業務時，應注意工作：
   - 要做好所有該Reconfirm的工作，如：班機、巴士、旅館、餐廳、表演場所或事先得預定之節目。
   - 對於同一團的旅客不能厚此薄彼，應一視同仁。
   - 與各地司機（尤其是歐洲地區）及導遊密切配合完成任務。

- 國人特別注重吃食，故對於中西餐及菜單的預定避免重複。
- 每天需記帳，並記錄重大事情或應改進之點。

4.遇緊急事故時：
- 遇緊急事故，冷靜處理，把傷害減低到最小的程度。
- 遇旅客權益受損，當場解決，決不可拖延到回國，並注意掌握證據。
- 讓旅客自由活動時，得提醒客人攜帶旅館名片或叮嚀如何回到集合地點，並應交待於觀光行程中如與團隊脫離應在原地等候領隊回頭來找。
- 回國之班機如有變動，領隊應即聯絡總公司通知其家人接機之時間調整，以免貽誤。

5.在意識型態上：
- 本國旅客因本性較保守，在公共場合該鼓掌的時候要請客人配合行動，適度反應本身好或不好的感受。
- 在解說時要將內容的意思讓旅客能夠接受且有印象，例如：土地、人口、年代等以中國、台灣等他們熟悉的數據做為解說的比照標準。
- 團體的行動代表著一個國家的顏面，所以每個團員的個別舉動，領隊應多注意，在應該提醒團員之際切莫覺得不好意思而發生損害國家顏面的事情。

好領隊的10條黃金守則

The Ten Golden Rules of Tour Management

1.Share all avalible knowledge with your tour members so that they will never be surprised by any situation which arises.與團員分享資訊，使其知所應變。

2.Never recommend anything which you have not tried and tested yourself.己所未試，勿施於人。

3.Never assume anything.勿預設立場。

4.Never split a group if at all possible.儘全力不要分化或分割全團。

5.Always keep the group occupied.永遠讓團員有事情做。

6.When dealing with expenditures for optional activities make the price absolutely clear to the group.讓額外收費透明化。

7.Make yourself available at all time.24小時全天候服務。

8.Don't play favorites.勿施小惠。

9.Be firm with complainers, but never lose your temper.以堅定態度面對抱怨，但不失風度。

10.Remember Tour Managers make mistake too!領隊也會犯錯（知錯能改，善莫大焉）。

領隊工作之前置作業

一、基本流程

領隊工作流程,以(圖8-1)說明之:

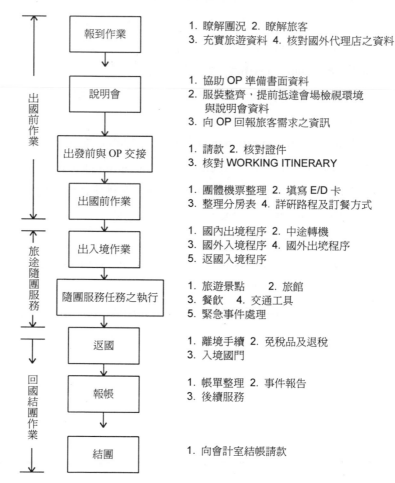

報到作業	1. 瞭解團況 2. 瞭解旅客 3. 充實旅遊資料 4. 核對國外代理店之資料
說明會	1. 協助 OP 準備書面資料 2. 服裝整齊,提前抵達會場檢視環境 　與說明會資料 3. 向 OP 回報旅客需求之資訊
出發前與 OP 交接	1. 請款 2. 核對證件 3. 核對 WORKING ITINERARY
出國前作業	1. 團體機票整理 2. 填寫 E/D 卡 3. 整理分房表 4. 詳研路程及訂餐方式
出入境作業	1. 國內出境程序 2. 中途轉機 3. 國外入境程序 4. 國外出境程序 5. 返國入境程序
隨團服務任務之執行	1. 旅遊景點　　 2. 旅館 3. 餐飲　 4. 交通工具 5. 緊急事件處理
返國	1. 離境手續 2. 免稅品及退稅 3. 入境國門
報帳	1. 帳單整理 2. 事件報告 3. 後續服務
結團	1. 向會計室結帳請款

圖 8-1 領隊作業流程

二、出國前作業

即在接受派團命令之前應完成之工作。

自身之準備

1. 資料蒐集，不僅圖書而已，且應注意報章雜誌之報導及專業方面資料之蒐集。
2. 向前輩請益現況，及臨場情報。
3. 注重身體健康之維護。

報到作業

1. 提前前往公司瞭解行程安排之各項資料及細節。
2. 核對國外代理店與本國行程之一致性。
3. 瞭解團員背景以茲因應。
4. 協助OP，準備各項書面資料及說明會之文件。

三、主持行前說明會

派團後，即等於展開與旅客之接觸與服務的開始。

行前說明會之架構

1. 確認團員所參加之團體正確無誤。
2. 代表公司立場向旅客致意。
3. 說明本次說明會實施之重點。
4. 重點說明：
   ・集合時間地點及方式。
   ・行李準備。

・行動準備。

・心理準備。

5.說明旅程中注意事項，並提示與原訂計劃若有因應當地情況而變更之處。

6.說明旅遊安全注意事項。

7.說明額外自備費用之準備及使用時機。

8.讓旅客提出諮詢。

9.代辦旅行平安保險或結匯。

10.瞭解旅客之個別需求，如忌食、行動不便或個別回程。

專　欄

領隊或主講人自我介紹：（致歡迎詞）

1.本次旅行是由全省各大旅行社與××旅遊聯合舉辦，感謝大家的支持與愛護。

2.代表公司總經理及全體同仁誠摯歡迎貴賓。

3.詢問言語溝通上是否有困難，若有則需以國台語雙聲帶講述。

4.領隊自我介紹。

講綱內容

1.集合時間地點：

・集合時間地點是△月△日當天△時△分於桃園中正機場△△航空公司△櫃檯集合。

・集合時應注意準時、地點、服裝、行李標籤。

2.行程部分：

　．除上述說明出發日期、集合時間、地點外，應加入飛機班次、以及出國當天的有關轉機或中途休息站應注意事項，及行程第一站國家的海關、移民局的有關規定（尤其是美國或澳大利亞）。

　．說明各地時差以及國內之聯絡方式。

　．行程部分應注意事項。

　　A.與原訂行程是否有差異。

　　B.班機時間表？有否顛倒行之計？

　　C.與高雄之銜接？

　　D.高雄旅客在中繼站碰面定點。

3.服裝與氣溫：

　．歐洲氣候乾燥，早晚溫差大，請備乳液、護唇膏、面霜及保暖衣物。

　．衣服以易洗快乾之輕便休閒服為佳，但參觀教堂不可著短褲、涼鞋及露肩服裝。

　．鞋子以休閒鞋為佳，避免穿新鞋，有穿拖鞋習慣者請自備。

　．風衣及雨鞋可隨意攜帶備用。

4.飲食：

　．早餐皆為歐式早餐（依團體不同而定），一般均在旅館內用餐。

　．略述美式早餐與歐陸式早餐之不同、歐洲旅行團之早餐，一般為歐陸式，如欲改吃美式早餐，需另行付費。

· 午、晚餐以中餐為主，但各地仍配合安排品嚐當地餐。

· 餐食不含飲料，有飲酒習慣者請自行付費。

· 可準備些許乾糧、零食、沿途享用。

· 多喝水、多吃水果。

· 吃飽沒問題，但口味未必合於理想，請見諒。

· 特別餐食調查，如早齋，不吃牛肉，吃素等（記得於會後蒐集此資料）。

· 進入某些自來水不能生飲的國家，須事先提醒旅客注意。

5.旅館：

· 旅館房間以兩人一室為原則，如係特別指定住宿單人房者，請於出國前支付差額。

· 歐洲旅館多為傳統式，大小可能不一致，床舖兩張單人床，有衛浴設備，但多用SHOWER，新式靠郊區，市內多老式旅館；此次安排以新式旅館，乾淨舒雅為準。（主持人應預先瞭解旅館位置、設備、新舊等配合解說內容）。

· 牙膏、牙刷、刮鬍刀、吹風機、拖鞋、浴帽等個人使用物品請自備，有個人衛生習慣，請另帶一條毛巾。

· 房內之插座電壓：美加地區，扁形插座，110V。歐洲地區，圓形插座，220V。

· 浴室設備，請注意使用，洗澡時請站在浴缸內，拉上布簾，下擺收入浴缸以防滲水。

· 浴內水龍頭之型式、大小、使用方法均有所不同，不妨於使用前，先站立在浴缸外，將其開關向左右或上下，或前後推轉即可。

‧離開房間請記著帶鑰匙，外出請攜帶印有旅館名稱、住址之卡片，以防迷路。

‧夜間如需泡茶或吃點心者，請自備電湯匙及不鏽鋼杯備用。

6.交通：

‧飛機：

A.長途飛行請多休息。

B.請勿酗酒。

C.隨身攜帶盥洗用具及保暖衣物，女士請著長褲。

D.機上耳機及酒類免費。

‧遊覽車：

A.長途巴士請輪流使用座位。

B.協助保持車上整潔，不可在車上吃冰淇淋。

C.行車路線已事先安排，不可能隨意更改。

D.巴士在公路上行進時，請勿任意走動，或站立於司機座位旁。

E.可準備錄音帶或書報雜誌以排解旅途中之時間，增加樂趣。

F.位子不分好壞，大家多禮讓。（如人數太多，則用輪坐方式）。

G.司機旁之座位為備用區，請空出來。

7.參觀重點：

‧強調時間上的控制是團體行動最重要的關鍵，彼此宜互相體諒、大家愉快。

‧參觀名勝古蹟，請排隊進場，並保持安靜，聆聽導遊解

說，千萬拜託不要用手觸摸館內物品，以免遭警衛斥責，造成不愉快的場面。

- 橫越馬路，請走行人穿越道（斑馬線），上下巴士或樓梯，請注意安全。

8.行李：

- 每人20公斤限重，限一件。
- 最好使用硬殼之旅行箱。
- 吊牌及貼紙，識別自己行李。
- 如有行李件數增減，請通知領隊。
- 請備輕便隨身行李，攜帶常用物品及保暖衣物。
- 護照重要文件及貴重物品，請勿置於大行李箱內（記得隨身謹慎攜帶）。

9.貨幣與匯兌：

- 台灣出境限制NT$ 40,000 + US$ 5,000以內。
- 旅行支票或信用卡使用方便，另請備美金零鈔。（數額多少，應明講。以歐洲12天為例，約1元*20，5元*10，10元*5，20元*4共200元）。
- 銅板過國界就不可兌換。
- 大額匯兌，請至銀行辦理。
- 匯率係浮動，請參考資料上之說明。

10.小費：支付小費是種禮貌，感謝別人提供的服務，請入鄉隨俗。

- 已包括之小費：行李之搬運、餐食、團體活動。
- 長途司機以每人每天2美元為準。

‧旅館床頭，以每天1美元或等值貨幣。

‧當地導遊每人每天2美元為準。

‧另外自行外出用餐，搭乘計程車，請付小費。

11.個人物品：

‧常用藥品及醫生處方（國外藥房只能依處方賣藥）。

‧計算機、針線包、茶葉、鋼杯。

‧攝影機、照像機、底片、乾電池。

‧電湯匙、插頭形狀、電壓伏特數。

‧其他。

12.自由活動及夜間活動：請注意內容說明及安全說明，勿隨意踰越：

‧每人體力不同，請利用時間自行調整。

‧可利用此時段，滿足個人之需求。

‧也可參加OPTIONAL TOUR（國外自選性自費行程）。

‧各項選擇性行程及收費標準（如說明會資料所列）。

‧未經公司推薦或自行參加之活動，請貴客自負風險及安全性。

13.安全：

‧攜帶之金錢，請勿露白，收藏需隱密，霹靂包並不理想，衣物勿華麗，貴重飾品勿帶，男仕褲裝要有鈕扣，女士皮包要能斜背，並有拉鍊。

‧舉止勿誇大，言行不喧嘩，行路靠內側，團體要跟上。

‧陌生人不搭訕，美女豈非是福，平平安安出門，快快樂樂回家。

- 在旅館內，不隨便開門，一定要確認是否熟人才開門。
- 護照、機票、金錢、首飾（假牙）、相機、信用卡等貴重物品，請隨身攜帶，妥善保存。另用小記事簿將旅行支票號碼、護照資料、國外親友聯絡地址、電話記下，俾便辦理掛失或聯絡。
- 出國前要將護照、機票、簽證影印壹份，存放於大行李內，旅行支票與兌換水單及黃色存根聯，宜分開保管，俾能於遺失後，隨獲補發。
- 從事水上活動時，特別要遵守規定。

14. 歐洲簽證及通關：
- 團體簽證，團進團出。
- 購買物品請保留收據，免稅者，通關時應將收稅單交予海關，有時海關會要求查驗物品，請隨身攜帶。
- 陸路通關時，請留在車上，不需下車。

15. 團友與領隊配合：
- 互諒互信，同舟共濟，團體旅行，彼此忍讓，樂趣無窮。
- 請守時。
- 公用廁所需付錢，請備銅板。
- 團員中懂英文者，請協助同行團員，可縮短時間。
- 請配掛識別識，以利識別。
- 小心保管自己證件及貴重物品。
- 注意身體健康，保持愉快精神。

四、與內勤人員工作交接

出團前，不但要瞭解旅客，也要瞭解產品內容，預算管制，這一切都從與內勤工作交接開始。

請款

向會計室申領由領隊支付之費用，並注意所攜外幣種類及現金或旅行支票，以便配合支付實際所需。

核對證件

再次核對護照、簽證，個別要求之簽證，單獨回程之機票是否相符，以及高此進出之機票或美國國內COUPON票之狀況。

核對工作內容

根據內勤人員所備之查核單再次查核，切忌簽名了事。

注意事項

1. PPT、VISA、TKT、PNR及總表之旅客英文姓名必須親自加以核對，尤其注意PPT是否有蓋鋼印、公務員是否蓋有出境章、PPT套上之名條是否與內頁吻合。
2. TKT之COUPON是否正確無誤。
3. 緊急事件通知人員之聯絡方式。

五、出團前置作業

前往機場之前，領隊有必要完成下列工作：

準備應用之書面資料

1. 前往國家團體簽證正、影本。
2. 旅客護照正、影本。
3. 團體旅客機票。
4. 前往國家旅客入出境登記表（E/D CARD）。
5. 旅客行李名條。
6. 團體旅客訂位記錄（PNR）正、影本。
7. 團體旅客分房表。

再次逐項查核所攜證件

1. 團體機票：按PNR順序備用，並另行抄錄票號，以備急用。
2. E/D卡與海關單：是否足夠，應否攜回備份應用。
3. 分房表：注意家族配合情形，以及有否同伴同行。
4. 其他：以小本記事簿將公司主管臨時交辦事項，逐一記載，以免漏失，造成困擾。

遊程中之工作

領隊於遊程中之工作雖多為例行性，但是卻不可疏漏，且需事先準備及預告，因此，依出國之過程順序敘述之。

一、出入國境

進出本國與他國國境，是領隊獨立作業的時機，他有必要充

份發揮領導才能，才能建立旅客信心與獲得信任。

機場集合

1.領隊負責召集旅客及清點行李。

2.送機人員則辦妥登機證及購買機場稅。

3.召集旅客請解上下機程序，座位調配以及進入他國之程序，若有中途轉機也要一併告知配合動作。

4.截止報到時間若有人未到，則由送機人員留守。

出境作業

1.辦理登機證及行李托運：

・掌握旅客人數。

・與航空公司配合作業、核對件數、張數及航段種類。

・做好安檢工作。

・注意行李標籤與接轉機是否與目的相符。

2.掌握人數做好通關宣告。

3.通證照關在前、登機在後，以利居中協助有困擾之團員。

4.協助機上座位之安頓，若有調換座位，則應先入座再換位。

中途轉機

1.旅客散布之位置需在掌握中。

2.優先下機輔助轉機流程。

3.掌握當地情報，適時宣布。

4.不讓旅客無所適從。

5.若轉機時間過長應向航站人員爭取飲料或點心等福利，或由公司事先應變。

國外入境

1. 證照關在前，行李關在後。
2. 注意通關卡之區分，以免誤排窗口，如歐洲有區分為共同市場人士與非共同市場人士，美國有移民與非移民，其他地區則有本國人與非本國人之區分。
3. 行李關則有報稅與不報稅之雙色通關台（dual channel system），應輔導旅客通關。

在國外之出境

1. 必備證件有Passport Visa Ticket之準備。
2. 程序則為：
   ‧Customer：托運行李及免稅品驗收。
   ‧Quarantine：若有農業品需先檢疫。
   ‧Immigration：再檢查證照。
3. 登機前若有退稅單需至指定地點辦理，有些國家（或機場）可辦理現金退稅。

返回本國之入境

1. 因在國內大多語言能夠溝通，可讓旅客自行通過證照查驗。
2. 領隊應先行通過證照查驗，於行李運送檯協助領取行李。
3. 若有行李未到或破損，應協助向航空公司行李查詢組辦理手續。
4. 待行李件數確認無誤，領隊才能通關返家。

二、旅途中任務之執行

　　領隊既命名escort，就是保護者的角色，因此旅途中其任務主要在保障產品品質，保護旅客安全。

在觀光時

1. 與導遊及司機核對路線與流程。
2. 提示團員中有異狀者。
3. 行進中導遊在前，領隊在後以維護安全。
4. 在長程旅行中，由領隊兼具導遊工作時：
   - 事先準備當地之民情風俗與歷史資料。
   - 將中西兩地時空對照的資料。
   - 進入該地區前，先行在車上做簡介，並備妥有關音樂。
5. 要播放錄影帶，切記全世界概分為PAL及NTSC兩大系統，美語系多屬NTSC而歐語（含英國、加拿大、澳、紐、東南亞）多屬PAL。

在旅館時

1. 注意掌握團員，並隨時注意隨身行李不可離身。
2. 務必將大件行李託行李員看管，或由司機照顧，不可任意放置旅館門口。
3. 分房時，儘量按館方分配，避免大幅度調動，若有特別安排而與原名單不符亦要轉告館方。
4. 與旅館櫃檯核對晨喚，下行李以及早餐地點，有些地區必須由領隊親赴各單位操作（特別是五星級旅館，設有conceige

櫃檯者）。

5.向旅客宣布注意事項後三十分鐘再巡房。

6.提醒住宿旅館之安全防範之注意事項。

7.立即配合行李員分派行李至旅客房間（因中文姓名對外國人而言，實難判別，如此可加速行李運送）。

8.巡房時，順道教導如何使用設備，特別是有部分地區會使用沙發床（Studio Room）或是入夜以後才會加床以免妨礙空間，領隊有必要詳加耐心的說明。

在餐飲安排方面

1.逐站做好再確認工作，同時通報確實抵達時間、人數，以免多團撞期，或可彈性調配行程以配合，避免等待。

2.瞭解主菜之菜單，避免連續食用相同菜色。

3.若有風味餐安排，亦應事先瞭解菜色內容，有必要親赴現場瞭解，以免語言、文字上之誤解，再向旅客宣告用餐注意事項。

4.注意特殊飲食者之要求。

交通工具上之處理

1.飛機上：

・原則上交由空中服務員服務。

・但領隊應於上機後立即核對特殊餐之要求者所調動之座位，請空服員送餐時配合。

・協助旅客調換同團中成員之機位（若有需要，領隊應於分發登機證時，在原登機證上以附註方式調動，避免亂成一團）。

- 飛行途中偶而起身走動，略事問候團員。但以不妨害空中服務為原則。
- 遇旅客有緊急事故，應協助空服員徵詢專家協助，切莫自己動手。
- 遇有中途轉機情形，領隊應妥為保管第二段之登機證。

2.火車上：
- 由於車票只有一張團體票及座位表，領隊應事先宣告火車座位，請旅客自行牢記。
- 行李之處理應有安排（因火車上並無充分有堆放大件行李之處）。
- 注意前後行程之銜接與隨身攜帶行李內容之安排。
- 讓旅客找得到你。
- 正確判斷車廂，有些火車同一列車可能掛有兩種班次，中途再分赴各地，必須提醒旅客。

3.遊覽車上：
- 與司機確認團號與行程，以免搭錯車走錯方向。
- 瞭解司機對遊程之瞭解與旅客特性之掌握做溝通。
- 要求旅客配合車廂中之規定，配合使用。
- 若團員眾多，應事先安排有輪坐之方法，避免搶位起衝突。且預留前面兩座以供暈車旅客輪坐。

4.渡輪：
- 由於渡輪是自由座，且可能中途停靠，宜先將相關資料告之旅客，以免下錯站或到站仍不知下船。
- 宣告安全設施以及領隊位置。
- 提醒船板濕滑、水上風大，及有關購物（跨國界之北歐渡輪）之注意事項。

‧過夜之渡輪應提醒攜帶手提行李，並帶領團員巡遊船艙瞭解設備。

5.長程遊輪：

‧依照登船程序作業。

‧定點定時集合帶領旅客巡視船上設備並瞭解安全設施。

‧將旅客自由分組以便在船上掌控人數及緊急處理。

‧協讀菜單或將之翻成中文，以便旅客進行瞭解。

‧有必要攜帶正式服裝，需於上船前告知旅客準備。

行程安排

1.領隊之最大責任為使行程按預定規範完成。

2.遇有不可抗力之變化應先取得旅客之諒解。

3.行程變更應有選擇性，但領隊應協助旅客做出判斷，應以同質性高，費用損失少並顧及公司立場之選擇為指標。

4.領隊為最終之領導者（除非全團來自同一單位，有主辦負責人在現場），不應受司機、導遊或個別旅客之影響而改變行程之操作。

5.遇有較好之選擇變更，領隊應先做變更準備，並取得旅客瞭解與同意，再經由公司方面發出變更通知，才能進行作業。

自費活動

1.做好內容及價格說明。

2.充分之安全說明（特別是水上活動）。

3.要尊重旅客有選擇之權利，不可轉化成責任壓力，或以團體約制，勉強旅客參加。

4.當參加自費活動之人數過半或16人以上時領隊應全程參與，

不可自我排除。

5.注意要先收取費用，避免產生臨時取消之作業及行程安排之困擾。

購物活動之安排

1.必須在既定行程結束之後，切忌途中插入，或影響既定行程。

2.須前往合法、指定商店。

3.所使用貨值單位需明確告知，如在香港購物，卻使用美金標價，應予提醒。

4.若旅客有勉強之顏色，應即停止。

5.記住時間之掌握，一般以40分鐘為宜，至多可延長10分鐘。

三、返國後結團作業

返國後，領隊工作重點在結算團體預算與回報國外資訊並做旅客之售後服務與糾紛處理。

帳單整理

1.一般而言，皆規定三天內報帳，其實領隊應在旅途中養成隨時記帳且妥善保管單據的習慣，如此即可快速又準確的完成報帳結團工作。

2.各公司對於帳目項目及可申報數目均有一定之規定，領隊不可冒然超支或不按規定使用。

3.遇有突發狀況而超支應另行填報事實。

4.帳目不清有違領隊操守，寧可失小而不能失信。

攜回文件

1. 有必要攜回國外表單如E/D CARD、海關申報單以供下團使用。
2. 攜回旅館、餐廳及旅遊地資料以協助建立公司內部檔案，做為新手參考。
3. 協助內勤人員調整或規劃產品之修正。

後續服務

1. 事件報告：對於旅途中之個案、突發事件或客戶訴願，填入書面報表中以供解決參考或由主管主動慰問，避免旅客事先發難，則較難解決。
2. 報告方式：
   ・簡述發生經過是時、地、物、人、事。
   ・已處理之程序及結果。
   ・後續待處理事項（或未能處理）。
3. 提供資料供客戶管理之用。
4. 客戶委辦事項之處理。
5. 國外購物瑕疵之追蹤。

緊急事件處理

凡在國外，總會遇上不順暢之情事發生，概分證件類、財物類、行程類、身體安全類，分述處理之狀況。

一、證件類

護照遺失

1.準備在當地重新補發。
2.若無法等待，必須先行回國，則以警察報案證明向我駐外單位申請取得回台證明先行回國，由家人攜身分證至機場送件迎接入境。

簽證遺失

1.若為個證遺失（多伴隨護照），則併同護照辦法處理。
2.若為團證遺失，則洽台北公司聯絡處理方式。
3.領隊若衡諸情境，擬要闖關，需徵得旅客或公司同意。

機票遺失

1.若為個案，則先行繳錢，在當地補開，並報案回台處理（填具Lost Ticket Refund Application and Indemnity Agreement.）。
2.若為團票，則由台北公司向開票單位申請補發，領隊則需赴當地航空公司完成證明手續。
3.需提出票號，以供填資料。
4.別忘了要先向警察機關報案，取得報案證明！

二、產物類

包括行李、證照、錢財等類。

行李遺失

1. 旅館遺失：由旅館值班經理處理，有可能被送入其他團體行李中。
2. 機場遺失：向機場的該航空公司行李查詢組（Lost and Found）申報，填具PIR單（Property Irregulality Report）。
3. 旅遊途中：向警察單位報案，但尋回機率很小。
4. 旅客應將貴重物品隨身攜帶，旅途中更應儘量避免攜帶貴重飾物，以免遭有心人覬覦。

旅行支票遺失

1. 先以電話或傳真向發行單位掛失。
2. 向警察機構辦理報案證明，需有明確之旅行支票號碼及數額。
3. 根據報案證明及申購存根（俗稱水單或紅單）向當地連鎖銀行申請部分理賠（約八成左右）。
4. 回台後，若經查證確實依法使用而遺失則可獲百分百理賠。

三、行程類

包括自然因素與人為因素之影響的處理方法。

旅客走失

1. 循原路往回找。
2. 若以致影響行程、則派人留守，讓團隊續程進行觀光節目。
3. 留守人員視情況而定，以不影響團體之絕大部分為考慮原則。

4.與旅館方面聯繫，旅客有可能先行返回。

5.平時做好人員控管之工作。

班機延誤

1.追查原因以及恢復時效。

2.有無替代方案之選擇。

3.做好行程兩個端點之接待人員的聯繫。

4.領隊之再確認工作要紮實，儘量不假手他人。

5.非可抗力之變更，一定要航空公司出面處理，冷靜而堅定。

6.取得證明做為日後索賠之證據。

7.讓損失減至最少。

8.讓全部團員瞭解過程及交涉結果。

四、身體安全類

包括疾病與意外傷害引起的安全問題。

意外受傷

1.緊急送醫。

2.需考量以不影響團體行程為前提，同時也要做好善後留置之工作。

3.將金錢損失減至最低，將旅客健康恢復提至最高。

4.儘量快速尋找支援。

5.若公司有參加「海外緊急救援系統」之保險，則通知當地之單位，以協助病患遣送、醫療及法律諮詢。

6.蒐集必要完備之單據以做為日後保險保障之憑證。

旅客死亡

要注意其致因是原有疾病，還是外力意外所導致。

1.向公司回報。
2.蒐集當地完整之證據及有關憑證。
3.非經家屬同意，不得對死亡旅客進行處理，儘量保持原狀。

旅館失火

1.領隊優先照顧全團旅客，於己身財務之前。
2.優先照顧老弱於健康成人之前。
3.於住進旅館時，領隊即應注意其安全系統及防護措施。
4.平時，選擇機會教育灌輸旅客安全防範之觀念。

對於國外緊急事故之處理，旅遊業者們應確實瞭解觀光局78.1.24.觀業字第00885函轉交通部78元16交路（78）字第1384函之規定。各旅行社均須依照各公會頒訂之旅行業出國觀光團體國外緊急事故處理作業規定，自行制訂各該公司的緊急事故處理體系表（報請觀光局准予備查）內容包括：

1.緊急事故發生之聯絡系統。
2.緊急事故發生時應變人員之編組及職掌。
3.緊急事故發生時費用之支應。

五、旅客心理

意外發生時旅客的心理變化極大，領隊有必要瞭解以做適當處理，才能化險為夷。

1.千錯萬錯都是別人的錯——很容易把所有的意外歸咎別人。

2.旅行社有偷工之嫌——是否降低成本或是作業不當，致使行程變奏，品質縮水。

3.領隊爭取不力——神通廣大的領隊，未積極表現，只顧有利可圖，不顧團員權益，老是把責任往外推。

4.外國人有歧視台灣人之嫌——都優先處理自己人或白種人。

5.領隊背棄自己的責任——留下遭受意外的旅客而置之不理。

六、領隊之立場及角色之扮演

當事故發生時領隊除應有之措施外，亦應充份瞭解自己角色與立場，以便適當處理，免虞後患。

領隊之立場

1.保障團體行程為先。

2.保護全團旅客之利益為先。

3.居間協調以及翻譯的立場

4.瞭解地主國的法律知識。

5.站在公司立場保障全團成員之整體利益。

6.領隊也是人，並非神通廣大。

領隊角色之扮演

1.鎮定不與旅客情緒共舞。

2.語氣和緩而堅定，切忌操之過急。

3.勿預設立場，排除己身之涉入。

4.快速尋求支援，隨時掌握可支援的情報（如駐外單位、當地

導遊、當地友人及海外緊急救難聯絡網）。

5.找對處理事物的人。

6.做好說明的工作，要事故單位負責的主事者當面向旅客說明，領隊應於現場做即時翻譯，應避免自說自話，則容易造成隱瞞事實，規避責任之嫌。

7.將旅客利益提至最高，傷害減至最低，金錢的損失亦要做一考量。

8.依觀光局頒定「旅行業出國觀光團體國外緊急處理作業規定」跟公司聯繫。

七、個人旅遊意外事故的防範與處置方法（見表8-2）

表 8-2

	預防方法和注意事項	處置方法
交通事故	•世界上大多數的國家是靠右通行，但在英國、東南亞、日本等國卻是靠左通行，與台灣剛好相反，故須及早養成習慣，在穿越馬路時先看右方。 •在外國，一般車速都很快，而且許多交通號誌形同虛設，故不能掉以輕心。 •至於自己開車時，事前宜充分了解當地交通號誌與交通法規，以及與台灣之間的差異。	發生意外時，若一開口便說「I'm sorry.」表示承認自己有錯的話，則對往後十分不利，這點與國內大不相同。切勿自行貿然交涉，而應請保險公司、旅行社或租車公司代為交涉。同時，為請求保險金，須向警方取得事故證明。
疾病	•在國外奔波勞頓，極易生病。為慎重起見，應避免飲用生水(礦泉水、冷開水無妨)和暴飲暴食，並力求睡眠充足，以維護身體健康。 •無論有否慢性疾病，都務必從國內攜帶常備藥品。亦應請醫生開具醫囑單(以英文書寫)，以防萬一在國外病發，可獲得妥善治療。	深夜發病時，應先聯絡飯店的櫃檯，立刻會有應急的藥品送來。若需送往醫院治療，可請飯店代為介紹附近醫院，有時甚至可聯絡醫生到飯店出診。

續表 8-2

	預防方法和注意事項	處置方法
護照	在國外,除了生命以外最重要的東西就是護照了。護照若非隨身攜帶,即應置於飯店的保管箱。為防萬一遺失時能立刻申請補發,宜備妥兩張照片並記下護照號碼、發照年月日及發照地點。	請求警方出具「遺失申報證明書」,再前往最近的我國大使館領事館或駐外單位請求補發。補發需時1~2星期,若無法停滯如此久的人,可申請「以返國為目的的出入境書」。此為不赴其他國家而逕返台灣時適用,通常需時2、3日才能發給。
現金	只帶所需的現金外出,其餘放在飯店的保管箱,嚴禁擺在房間的皮箱中。外出時儘量財不露白,付款時儘可能只掏出少部分的錢,其餘的應妥為安放。	向警方獲飯店報案,但若是遺失現金,不可能冀期失而復得,故除謹慎預防外,別無他法。
旅行支票和信用卡	旅行支票方面,應將補發所需的申請書副本另行放置。同時,為求能順利補發,宜將使用過的支票號碼仔細記下,而須簽名的兩處中的一處(持有者簽名處)亦應預先簽名,否則無法補發。至於信用卡,亦須將號碼及有效日期記錄下來,以防萬一遺失時得以補發。	馬上向警方報案,取得「遺失申請證明」。如在旅行支票上已事先作好持有者簽名,可逕向附近的分行申請補發(須攜帶護照和購物收據)。如遺失信用卡,應即向附近的分行申報,辦理所遺失信用卡得無效手續以及緊急補發手續。
機票	應將其妥放在飯店的保管箱中。在從台灣啟程之前,為防萬一,須將當地航空公司的電話號碼以及購入機票的國內旅行社電話號碼一併記下。此外,機票的號碼也要記錄下來。	從警方取得「遺失申請證明書」。再向航空公司的櫃檯申請。須提出證出書,並告知購買機票的旅行社名稱和聯絡處,才能交涉補發事宜。惟各航空公司的處理方式不盡相同,有的航空公司逕行補發,但有的則會要求先行購票,俟返國後再行交涉。
貴重物品和隨身用品	飯店的大廳或機場,是調包、扒竊和搶奪的最佳場所,宜隨時留意身邊的物品。在飯店時,絕不可隨意擺在房間中,應放妥在保管箱中。	立刻向警方報案。
托運行李	托運的行李常有無法領到的事情發生,其中以裝載在其他班機、誤送至其他機場的例子為多。比如粗心大意未將前次旅行的籤條(綁在行李上標示送達地點的牌子)除下,就很容易造成這種錯誤,故須留意。	攜帶行李領取證(claim tag)和機票,向航空公司的職員申請(但如已離開海關,對方概不負責,特須注意)。填妥文件後,委託代辦尋獲後的驗關手續,再申請目前所需購買日用品的經費(各公司所支付的金額不盡相同)。

從業人員之訓練

　　如何成為一位盡職的領隊，應有：具體、有效，並且有助於成為一個成功領隊的訓練計劃，以下提出其基礎、自訓、資訊、互動、急救與體能訓練以提高其專業及緊急事件處理能力。

一、基礎訓練

　　根據領隊協會所舉辦之領隊訓練，其科目如下：

法律類

　　1.觀光法令：發展觀光條例，旅行業管理規則。

　　2.消費者保護法。

　　3.出入境與護照。

　　4.觀光旅遊安全。

　　5.旅遊契約與旅客權益。

　　6.動植物檢疫。

領隊常識類

　　1.藝術之旅。

　　2.大陸地區旅遊概況。

　　3.國際禮儀。

　　4.團體作業流程。

　　5.各國機場簡介與通關作業。

6.國外交通與膳宿處理。

7.水域活動基本認識。

8.票務常識。

9.餐飲禮儀介紹。

10.國際旅館類型設備。

11.世界旅遊地理

12.觀光專用術語。

技巧類

1.導覽技巧。

2.說話藝術。

3.急救訓練。

4.緊急事件處理。

5.如何辦理說明會。

6.團體互動與領隊風格。

7.團康技巧。

旅遊安全

1.旅遊保健。

2.觀光旅遊安全。

3.水域活動基本認識。

二、自我訓練

欲從事領隊工作者，除了制式的領隊訓練外，仍需自我多方充實，一切目的，以領導風格以及照顧團員之能力培養為方向。

資訊蒐集

除縱向的以各國之歷史、地理、民俗、節慶、建築、美術、雕刻、名人、音樂、購物名產、美食及夜間活動等十大項目蒐集外，並應做橫向專題，譬如世界文明史、世界建築史、世界美術史、東西文化史等橫跨東西文明互動的資訊。

急救訓練

雖然俗稱CPR的心肺復甦術需要專業訓練並取得執照後，方能有效實施，但是關於止血、救傷、防火、毒咬及傷害搬運等救急動作之訓練卻有助於減緩現場緊急狀況，以助後續醫療人員之施救，不得不知。

體能訓練

經常性的海外旅行不但需要體力也要有耐力，特別是應付時差所帶來的體質消耗，所以定期的運動、節制的飲食、正常的作息，都是培養體能的訓練。

團體互動

雖然有云是團康活動，其實互動模式還牽涉到更廣範圍，舉凡成員背景、參與、團體規範、團體目標以及角色扮演都是其中的涵蓋，其目的亦在建立領隊風格，領隊不得不學，領隊不得不慎！

緊急事件處理程序之熟悉

特別是有關責任保險，海外急難救助系統，海外駐在單位以及各項證照之處理程序都要有充分瞭解及熟悉作業。

本章重點

1.領隊人員之特質與應有之條件。

2.領隊工作之流程。

3.領隊工作中也包含部分導遊的工作特性。

4.領隊對緊急事件處理之技巧。

5.領隊自我培訓的課業。

問答題

1.如何做好領隊工作？

2.好領隊的十大黃金守則是什麼？

3.領隊在通關時的角色為何？

4.領隊在處理糾紛時的角色為何？

5.領隊在購物活動中的角色為何？

6.領隊應備的基礎訓練有那幾類？

7.何謂CPR？

8.領隊與導遊之區別為何？

9.領隊之實務分類為何？

10.領隊之未來發展為何？

實務研究

1.自組春假環島旅行，嘗試自助遊，讓同學體會互相照顧，團體控制與領導團隊之操作。

2.分組籌辦半日遊或一日遊之活動，演練領團技巧。

3.演練團康或是團體互動。

第九章

客戶
服務管理

- 客戶銷售之技巧
- 旅客心理
- 客戶訴願處理

本章目的

➤ 瞭解客戶管理與銷售的配合。
➤ 演練面對面銷售手段的技巧。
➤ 瞭解銷售技巧對成功交易的運作。
➤ 如何適當的引用人際技巧成功的達成交易的動作。

本章重點

➤ 客戶管理的目的。
➤ 客戶管理的手段。
➤ 不良的客戶管理所造成的損害。
➤ 面對面銷售技巧。
➤ 對直接客戶的銷售手段與流程。

關鍵語

➤ 行銷（Marketing）：以各種不同的銷售手段帶動交易市場
  的互動。
➤ 市場（Market）：一個消費者存在的範圍。
➤ 銷售（Sales）：促成交易的行為或手段。
➤ 消費者心理（Comsumer Psychology）：指購買者的心理傾
  向性格與態度。
➤ 消費者行為（Comsumer Behavior）：指要購買與不購買的
  行為中所做決策的判別。

客戶銷售之技巧

市場競爭激烈之下，唯有加強積極性的客戶服務才是解決之道，但是客戶的消費意識也是非常強烈的（有識別力），由於類似產品非常豐富，只有周全的資料庫準備，以及周到的服務，能夠滿足客戶的需求才是爭取業務的利基。

一、 確認客戶需求

學者Marslow對客戶需求分層的研究

Marslow認為消費者需求有以下五層次：（見圖9-1、表9-1）

1.Self Fulfilment：自我滿足。

2.Esteem Needs：自尊之需求。

3.Belong Needs：歸屬感需求。

4. Safety Needs：安全感需求。

5.Physiological Needs：生理需求。

圖 9-1

表 9-1

馬斯洛需求理論	定　義	表　現	顧客可能關心的是
生理需求	饑渴 壓力 緊張 逃跑 生病	生理的舒放 放鬆 舒服 健康	餐食之要求 旅館之標準 清潔
安全感	不安全 害怕	安全 鎮靜	旅遊保險 柔性接近 緊急服務 隨團服務
歸屬感	寂寞 自覺 孤獨	友誼 充分的自我表達 與他人一致	做為團體的一部分 團體旅行 蜜月 二度蜜月
自尊	自卑感 無力不適當	信心 能力	半自助 自由行 商旅
自我滿足	枯燥	激勵 熱心 創意	築夢踏實 寫書 發明 成就

實務上客戶的需求

而實際上客戶對旅行業的服務需求分項如下：

1. 提供旅遊證件說明。

2. 提供廣泛之旅遊知識：

- 必須瞭解你要販賣的是什麼？真實、探險、浪漫、歡樂、刺激、愉快、或是商機？

- 踏入門口的客戶都在期望服務，而客人只有兩種：

　　A.第一次出門——購買理想、構念、夢想。

　　B.重遊者——較為實際性。

二、給予客戶良好的第一次接觸

客戶對你的判斷全部決定於第一次接觸的印象，因此：

給予良好的第一印象

由於你無法判別旅客類別，唯有給予良好的第一印象，才能繼續探知客戶的需求，至於如何做好第一印象呢？

1. 明確的姿勢：一個微笑、一個頷首，都是一種表示，最重要的是立即性的。
2. 讓你的桌面顯示整潔：移開那些雜亂的物件，你能想像一副狼籍的歡迎嗎？
3. 迎向你的顧客：至少身體能向前傾，最後最好能送客到門口。
4. 避免不必要的動作，如：
   - 桌上是一片亂糟糟的文件。
   - 不停的看錶。
   - 飄忽的眼神。
   - 玩弄你的筆。
   - 時常打斷談話。

適當的問答技巧

1. 給客戶一個機會告訴你，他的需求，不要預設立場，對客戶有好惡之心。
2. 在問答的技巧上，必須瞭解以下三個重點：
   - 使用正確的題目。
   - 讓客戶感覺重要。

‧讓客戶知覺你在測知客戶的需求。

3.以下是使用的技巧:

‧封閉式的問法:可以儘快的切入主題,如;是,不是。好,不好。但是又很容易讓對方的話題中斷;除非是很熟知的老客戶,否則宜用開放式問題。

‧引導問題的問法:

　A.給予開放性的回答,以激起興趣、觀念、希望能及時切入主題。

　B.大多用How/What/Why/When/Where做開頭。

接近客戶的技巧

1.整潔的外表。

2.整齊的桌面。

3.友善的笑容。

4.誠摯的問候。

5.熱心的態度。

6.雙目相對。

7.傾向客戶的姿態。

8.送客到門口。

9.關心伴隨人員。

10.耐心,當客戶顯現有些緊張時。

11.不要為電話分心。

12.少用行業上之術語。

13.對自己工作自傲,對客戶顯現信心。

14.適時的幽默。

15.陳列品整潔光亮。

傾聽的使用

1. 問完問題以後要安靜而傾聽。
2. 先獲知客人姓名。
3. 不斷使用客戶姓名來稱呼對方。
4. 徵得客戶同意可以使用對方較熟悉之稱謂或是暱稱。
5. 使用頷首，略表同意。
6. 使用適當的身體語言，揚眉：表現熱心；微笑：保持目光之接觸、身體微向前傾。
7. 隨時摘記重點。
8. 使用「聽到」的語助詞，如：嗯、好、噢、我瞭解！但是避免使用〝OK〞這類口頭禪。

三、 專業的電話問答技巧

電話之應用與技巧，也是可以完成銷售工作的，其應用如下：

電話之應用

可以減少人員往返的成本及節省時間之消耗，而且較一般方便，言詞簡便，意思明瞭。但是電話之應用也有缺點，諸如：

1. 因為看不到對方而心存的疑慮，無法藉會談建立信任、信心。
2. 僅憑文字語言，可能判斷錯誤。
3. 影像很難傳達。
4. 可能一邊聽電話，一邊做別的事，無法專心。
5. 可能打斷正在面對面的會談，造成不良影響。

6.可能過於武斷，缺乏耐性。

7.久響不接或是接來接去接斷了，影響客人心情。

專業的電話應對技巧

雖然電話聯繫有顯著缺點，但是畢竟還是最有效率的銷售工具，所以唯有專業技巧可以解決這些問題。

1. 開場白的互相問候是很重要的，應有問候詞，自我介紹詞，開放式問題用詞（又稱語聲握手）。

2. 問候對方姓名之後，並且在對談中經常提起。

3. 對話必須掌握重點：

　　．使用開放式問題。

　　．引導談話方向。

　　．使用動態聽力的用詞，如：嗯、我懂、我瞭解。

4. 複誦你從電話中所獲知的資訊。

5. 聲音清晰而簡潔。

6. 寫下交談重點。

7. 自動提出有用的資訊：不要只說「對不起他不在」就準備切斷，而要代之以「某某人他不在，我能幫的上忙嗎」？

8. 撥話時，心中微笑，聲音會傳達你的情感。

9. 假如你一時無法答話：譬如要搜尋資料、答案、找人，要告知對方你在做什麼，何時可以回話，或等一下再撥。

10. 記住，在電話中答應的事，定要做到。

注意事項

1. 在鈴聲響起三聲內接應電話。

2. 假如來電時，不方便談話，請記下電話號碼並回電。

3.使用開放式問題，儘量得到最多之資料。

4.集中精神，不要同時做兩件事讓你分心。

5.告訴來電者你在做什麼，特別是在等候中。

6.將來電摘錄重點。

7.謝謝通話者來電。

四、棘手客戶的處理

碰到棘手的問題才能考驗真正的專業，不是每一個遇到的顧客都是愉悅的、理性的或是友善的，但是真正的技巧就是把棘手的問題變成你的客戶，而需要的是積極的態度以及瞭解，影響對方行為的動因，想想Marslow的需求分級，就知道如何處理了！

粗魯型的顧客

當客戶變得憤怒與粗暴時，當然就是一種防衛性反應，而我們也會變得防衛性起來，你是否也會帶著如是的思考也跟著情緒起來，最後你終會後悔你所做的事，所以不要被客戶粗魯或是憤怒的態度，攪亂了思緒。

找出生氣的原因，澄清真正的問題所在，也許是適法性的理由，也許不是，但是有一要訣，就是迅速處理！

1.問一下自己，為何顧客會生氣，每一個人都有一份自我（ego），也許顧客是遭遇了不公平的待遇；或是你的積極態度侵犯了他的自我，這時要放寬你的心胸表示關切，有時顧客只是覺得需要說出來就好。不要武斷，而且要傾聽，充分運用你的身體語言，表示關切、瞭解，而且將會解決他的問

題，這樣至少解決了一半的衝突。

2.有時顧客只是情緒不佳，而舉止超出理性範圍，有時會有侵犯性的反應，保持鎮靜，不要逕自架起防衛罩，使用激怒的語言、諷刺的語氣，以及自以為是的語調。先要破除心理上溝通的阻礙，才能冷靜以對，記得要以關切、關心、信心與熱心來建立起關係。

3.記住，不要過於自我防衛。

嘮叨型顧客

他可能會成為一個好客戶，但是有時卻會耗費太多寶貴時間，解決的辦法就是引導話題到旅行的目標上去，不要盡說一些無關緊要的話題，你要控制說話的場面，否則，當你被顧客控制住的話，話題將沒完沒了，所以使用封閉式問答，如此至少可以暫停一下交談，讓你能夠重新切入主題。

本型重點：要有耐性，然後多發問，使用封閉型問題。

全能型顧客

有些顧客無事不通，不時不散播他的知識，甚至告訴如何做你的事，個性率直而唐突，有時難免摩擦，此時要記住Marslow的需求理論，此類人就是需求尊重（Respect of Other's）。

所以，要怎麼辦呢？為何不給他們滿足一下呢？給一堆好話，感謝他的提示，恭維一下他們對旅遊業務的瞭解，讓他們發揮一下，不要試圖對抗，你永遠贏不了的（贏了嘴巴，輸掉客戶）。實際上，這一類客人對於奉承式的諂媚相當多疑，只要你建立起熱心、關心、信心的關係，實際上他們是非常好的客戶，不要試圖壓倒他們（也許贏了戰役，但是輸掉戰爭），你不必去喜歡

他，但是記住他們是衣食父母，你只要把他們轉變成有用的顧客。

對待人誠懇、寬大、友善不是一件容易的事，但是至少讓你的工作更愉悅些。

本型重點：稱讚客戶長處並使用他們的優點。

猶豫型的客戶

有些客戶不斷的諮詢、詢價，但是老是要考慮一下，再問問看，這時，也許你要強力推薦一些建議，並幫他做決定，這一類人一定要要求訂金與預訂。

本型重點：領導客戶方向，並且給予肯定的指引。

疑心型的顧客

這一類客人喜歡挑剔，多比較，甚至挑釁你的能力，是最不容易應付的案例，但是你還是要有耐心的建立關心、熱心以及信心；一但做好關係，他可能是你長期的客戶（挑毛病的才是買貨人），要注意做好各項細節的安排，不要催促做決定，否則他會懷疑你的動機，不要讓疑心重的顧客破壞你的信心。

本型重點：要多注意及慎重你的言語與行為。

沉默型的顧客

有時客戶反而儘是傾聽你的意見，他們只是來獲得資訊，並不明確表示需求，或是你能提供切確的產品，通常你要解讀這些人，頭腦中想的是什麼，而去滲入他的需求，多使用開放式問題，引導瞭解他們的需求，畢竟找上門來的，總是要尋求一些資訊。

本型重點：友善對待、鼓舞以及多給實際資訊。

五、處理抱怨

當訴怨上門時，很多人採取迴避的方法，其實這並不正確。要留住客戶，要獲知公司弱點，就要面對客戶的抱怨，多數不滿意的客人，掉頭就走，會抱怨的客人，表示你還有機會解決問題，至少你可以在與客戶間建立解決問題的橋樑，下列是要做，跟不做的建議。

1. 要做的：
   - 鼓勵說出問題：用開放式問題獲知更多資訊，用封閉式問題澄清癥結，用傾聽去紓解對方壓力。
   - 表示關切，你有誠意解決。
   - 多問：多瞭解整體歷程。
   - 摘要：表示充分瞭解。
   - 表示遺憾：假如有任何損失造成。
   - 採取行動：假如你無權解決，也要明確表示將向上反映，並保持聯繫。
   - 感謝客戶。
2. 不做的：有些時候，客戶只是要說出來而已，你不要過於自我防衛。
   - 不要打斷。
   - 不要爭論。
   - 不要武斷。
   - 不要阻礙溝通。
   - 不做人身攻擊。

處理立場：面對他，立即解決（但記住你的權限），要有
彈性，不要過於條文僵化，要合理的解決，不妨準備一點
讓步，偶而也可以贈送一些現成的禮物。
3. 注意事項：禮貌是不花錢的。

六、 特殊旅客處理

有些額外的動作，是處理特殊旅客的最佳良方。

年紀較大的客人

需要多一點關心與耐心，當作是你的祖父母，可能行動有一
些遲緩，不能走太遠，可能關節有一些不便，不能攜帶太多行
李，也許有一些重聽，有一些不專心；眼睛看著，但不見得瞭
解，因此，在會面時多稱呼對方，多一些時間處理事物，多解釋
細節，並且確認對方明瞭，解說時，速度放慢，語氣清晰，要不
厭其煩的解說，保持目光接觸，以測知對方的瞭解程度。

來自不同文化的客人

1. 說不同的語言。
2. 使用相同文化的思考模式。

行動不變的客人

保留方便的動線與位置，但又不要大聲宣告，要保留言語上
的侵犯。

處理商務客戶

多一份細心與熱切，不因客戶固定，而疏忽大意（特別是商

務客戶需求行程較煩複而具彈性），或失卻熱情而認為理所當然！

七、 成功業務人員的風貌

綜合以上技巧，我們可以結論出成功的業務人員的風貌。

良好的業務人員在提供有效率的服務

1.有效的溝通，以確認客戶之需求與期望。

2.廣泛的旅遊知識。

3.廣泛的各國資訊。

4.正確無誤的計算價格。

5.CRS訂位的能力。

6.有效率的開出票證的能力。

7.同時需要良好的客戶服務技巧。

8.有效能的推銷技巧。

業務人員是有能力去影響別人的人

業務人員必須具備：

1. 外向、禮貌、樂於助人的本質。

2. 加強別人對自己印象的能力。

3. 自負與組織力。

4. 專業的距離，不可太個人情緒化。

5.富於常識。

需要的態度與技巧

1. 積極的完成目標。

2. 群體的組合力：模仿學習他人優點的能力。

3. 具有基本的性格特質。

    ・企圖心：設定目標，堅決完成。

    ・自律：心態上及生理上的規範。

    ・堅持：堅持目的。

    ・決心：意志力。

    ・勇氣：與信心。

    ・誠信：誠實與道德。

    ・周密：注意每一個細節。

    ・進取心：彈性的應付每個環節。

4. 個人的特質：

    ・誠懇：興趣與真實。

    ・熱切：真誠表示。

    ・性格：事不論大小。

    ・忠誠：對事從一而終。

    ・樂觀：持肯定之態度。

    ・信任：自信滿滿。

    ・彈性：接受挑戰。

    ・幽默感：放鬆壓力與緊張。

5. 社會特質：

    ・友善：不管任何型態的人。

    ・交際：用語言的能力。

    ・開放：譬如僵局與敵視。

6. 物的特質：

    ・優雅的外貌。

    ・舉止與態度。

- 眼神。
- 工作區域：清理而整齊。

銷售心理的瞭解

1. 瞭解客戶需求（Marslow原理）。
2. 瞭解激起客戶需求的動機。

很多人並不瞭解自己真正的需求，因此一位專業的銷售業務員能夠協助發現客戶需求，然後能夠切入主題做好銷售工作，而最好的方法就是問問題。良好的問話技巧，應具有：

- 清晰的題意。
- 組合內容。
- 從中擷取重點。
- 打開話題，切入主題。
- 開展思考。
- 管制與指引方向。

3. 掌握建立溝通的三大要素：關心、熱心、信心。
4. 使用開放式問題（Who, What, When, Where, Why, How）。
5. 傾聽的技巧。

八、如何做重點銷售

最好的產品就是能夠結合客戶的需求；但是光信心還不夠，你要如何充分的示範銷售重點，讓客戶放心將辛苦賺來的錢，交到你手上，去購買一件他看不到摸不到的願景，你該像醫生一樣，顯現出充足的信心。

1. 做好準備工作：列出產品品質的解析。

2. 列出旅客感興趣，或對其有利益的內容優勢。

3. 推銷點應與客戶需求相結合。

4. 把內容真實的呈現出來。

5. 對個人需求結合的特質，表現明確的告之。

九、如何辨識買家的反應與購買的訊息

　　客人的反應就是購買與否的訊號，不一定在談話的終了，所以並不一定把話講得過於詳細，瞬間的機會即時掌握，若不掌握，又再提出方案，反而讓客戶迷失方向，而失去結案的機會。

辨認購買的訊號

- 1. 直接的。
- 2. 間接的：
  - ·肢體語言，前傾的姿勢，專注的眼神，把問題停在節骨眼上。
  - ·要求特價的優惠：客戶較重視自己需求的優先順序，並非公司的需求。
  - ·特別提到產品的細節。
  - ·問題中顯現特殊的需求。
  - ·不斷的同意銷售員所提出的觀點與意見。
  - ·逐漸增強的友善態度。
  - ·尋求強化的保障。
  - ·心態上顯現的肯定。
  - ·詢問成交流程的細節。

切入購買的步驟（接觸方法）

1. 從細微的重點切入：如人飲水，冷暖自知。但這不是關鍵性的購買切入，但是客戶若顯現極大的興趣，或是做出決定，則可以開始結案的程序了。
2. 從摘要點切入：主要是對刺激較強烈的反應，以觀察客戶的動作，若是肯定的，則亦可以結案了！
3. 從保障機會的要點切入：如訂位空間的有限性，季節更替的時效性，價格變動的優惠性等等。

十、做成交易

結案時應注意的規則

期望成交、不要跳離主題、對雙方有利、不是每一次都成交（預留後路）。

1. 假設法：負起為客戶決策的負擔（the Assumption close）。
2. 抉擇法：the choice close 當客戶處於猶豫時，要誘起做出決定，至少縮小選擇的範圍。

克服「主觀意識」的異議

生活不會凡事如書上所說，而總有變化的。

1. 隨意的挑：可能來自誤解，最好耐心的解釋。
2. 陷於困境的主見：可能緣自服務不足而引起。
3. 不表態的拒絕。

解決問題

　　1.運用談話技巧。

　　2.運用摘要切入法。

　　3.加強利益點。

　　4.強調及早決定的重要。

　　5.強化信任。

　　6.讓他走吧。

十一、 銷售後之活動

推銷額外的附加產品－避免重複過程，可以節省時間

　　1.旅行平安保險。

　　2.國外自費行程。

　　3.娛樂門票，入場券。

　　4.餐券。

　　5.更多夜的住宿。

　　6.租車。

　　7.旅遊券：巴士券、鐵路券、航空券。

　　8. 接送交通。

售後服務

　　1.再次肯定。

　　2.確認單。

　　3.旅行文件。

　　4.簽證服務。

發展良好關係

1.回國問候（記住返國日期）。
2.生日卡。
3.聖誕卡。

對抱怨之處理

若不處理可能流失客戶，若能面對問題，至少可發掘公司內在的問題。

失去客戶

乃在意料之中，但是最重要的在於瞭解原因，並且繼續改進你的銷售技巧。

旅客心理

一、旅客消費心理

旅遊消費並非必要的，因此再做出消費行為時，會有下列心理阻力：

資訊不對稱

由於消費與生產同時性的特性，消費者往往因為無法取得充分資訊而心生遲疑，旅行業者必須發揮資訊傳遞者的角色，才能破除旅遊產品先天資訊不對稱的疑慮，也就是商品有形化，產品

透明化，品質規格化，因此走向ISO-9000的標準化乃應運而生。

競價心理

　　所謂貨比三家，比的都是價格以及旅遊點，國內比價錢，出國比品質，往往是一種矛盾心理，要解除這種矛盾，有賴旅遊業者的教導與引導，理念與現實之爭必須要有個協調點。

品質的爭議

　　也是存在於旅遊這種無可觸摸的商品特性上，消費者多用類比心態來思考，因此，有必要模擬真境的環境來提供，旅行業者有講真話的勇氣，應避免誇大的行銷手段，以及業務員自我吹噓的語言技巧。

品牌忠誠度

　　旅遊消費者對品牌忠誠度是最不可捉摸與測度的，其原因乃根植於旅行業並無龐大有形資產，至今仍多屬小型企業而已，其生產力端賴人力資源，所謂眾志成城，但是也易流於人去樓空的弊病，是故建立品牌忠誠度是業者的一大課題。

二、客戶管理

　　既然客戶心理有待掌握，客戶管理自然有其必要。

客戶管理之利益

　　1.建立品牌忠誠度：使客戶便於購買。
　　2.掌握行銷通路：使資訊有效率，行銷有重點。

3.降低行銷成本：適當的產品賣給適用的族群，在消費者區隔後，做好產品的區隔。

4.奠定企業業務之基礎：掌握固定客戶，使生產有計劃，業務有定規，變成企業體的固定資源，更能有效的永續經營。

客戶管理之方法

1.建立完整客戶檔案，包括各項交易及往來記載。

2.訂定客戶分類變項：如年齡、性別、職業、旅行方式，旅遊經歷等人口變項作為行銷區隔之運用。

3.俱樂部的認同卡制度：可以累積消費額度而享受額外減價，定期的專案活動造成機會獨享的權益，不斷的旅遊資訊提供，潛移默化公司的理念，培養共識。

4.定期的問候或是生日卡、年節卡、賀卡的寄送，用溫情打動心情。

5.週邊服務減價或免費。

客戶管理的效益

1.降低尋找新客戶的重置成本。

2.使行銷目標明確，業務員有信心，工作有輕鬆，不需年年從新，團團重來。

3.有計劃的行銷，有明確目標可以檢定成效。

4.確定品牌忠誠度，消費者可以減少購買時的疑慮，加速購買行為與效率。

5.因降低行銷成本而使客戶可以享受較低的旅遊價格，但品質不變。

6.聚集同好一起旅行，讓旅行遊程備感順心與順暢。

客戶訴願處理

　　一次良好的客戶訴願處理，可以化危機為轉機，其方式如下：

一、建立良好溝通管道

1. 公司內部應建立起權責相當的處置流程與主事人員，避免流於形式而錯失處置良機。
2. 公司內部應建立起處理原則，依法、理、情處理，上下一致，避免訴怨者認為越上位者越有折衝空間。
3. 充分往下授權，盡力往前線授權，不因為職位小而遭輕忽，越前線之工作同仁越能夠爭取處理時效。
4. 態度堅定，語氣和緩：客戶訴怨多已動氣，若接待人員沉穩不住，不啻火上加油，不利解決事端。
5. 要有機會聽聽兩方面的意見，避免片面之詞。
6. 不拖延時間，對解決的時效要與對方建立共識，最怕各以為是。

二、做好訴怨處理技巧

1. 內部人員應有完整之講習，以明瞭公司之處置態度。
2. 做好談判技巧訓練，掌握對話時之契機。
3. 表現負責之態度，要求公司同仁避免迴避的態度，輕忽的態

度。

4.定下解決的時限，必要時，公司應先提出解決方案，而不宜
　以國外第三者未能掌握而延宕時間。

5.必要時，要有法律顧問的諮詢準備。

三、面對無理的要求

1.謹守法律的範圍：必先要求合法，然後訴願。

2.必要時訴諸公裁：品保協會，消基會以及觀光局，最後上訴
　法院，也要有心理準備。

3.旅行社自己是訴怨者：諸如被倒帳、旅客違紀遭池魚之殃，
　則謹記依其發展層次而使用之方法如下：

　・掌握有形憑證。

　・先求私下和解。

　・到郵局寄發存證信函。

　・向法院告訴。

本章重點

1.好的銷售技巧可以達到高比率的做成交易。

2.客戶管理是企業經營的基礎。

3.客戶管理的具體方法與步驟。

4.消解訴怨也是客戶管理的目的之一。

問答題

1.面對棘手的客戶該採用何技巧?

2.面對特殊的客戶該採用何技巧?

3.如何確認有意欲購買的買家?

4.何謂客戶管理?

5.如何做好客戶管理?

6.客戶管理的手段有哪些?

7.顧客訴怨的類型有哪些?

8.如何才是顧客訴怨的最好解決辦法?

9.如何面對無理要求?

10.旅行社應如何採取情理法的解決邏輯?

實務研究

1.將學生分成若干小組,擇一題材做角色演練,如:模擬交易時、旅途中、在旅館、在餐廳、在櫃檯或是旅客間糾紛時,銷售員的處置辦法及其對話態度。

第十章

旅行業
未來發展

- ■ 旅遊市場之未來發展
- ■ 旅行社經營之變化
- ■ 從業人員之因應

本章目的

➤ 瞭解旅遊產品的未來發展。
➤ 瞭解旅行社經營的未來發展。
➤ 瞭解從業人員因應之道。

本章重點

➤ 團體全備旅遊未來趨勢。
➤ 國際票務的未來趨勢。
➤ 個別旅遊的未來趨勢。
➤ 旅行社經營之規模，人力發展與通路之關係。
➤ 通路發展與異業結盟之關係。
➤ 從業人員之技巧發展與應有的態度。
➤ 資訊應用與未來發展之契合。
➤ 管理技能與流程變革。

關鍵語

➤ 半自助旅遊：指航空公司，機票加酒店的半套裝遊程，其
　間的觀光節目是開放未定的。
➤ 自主旅遊：指由消費者就半自助旅遊之既有安排中再加上
　自主要求，如觀光遊程延續住房、延續行程之組合。
➤ 電子機票：不用票券之機票，所有訂位、付款、登機手續
　都在磁卡上進行，目前以歐洲內陸、跨國旅遊、美國國內
　跨州旅行為適用。

➤ 旅遊卡：一種儲值的旅行信用卡，可能是一種公司帳號，航空公司直接向登載之公司結帳，而旅客享有特殊照顧之旅行用塑膠卡（貨幣）。

➤ WTO：世界觀光組織。

➤ 流程變革：Re-engineer 指將金字塔組織改為水平化組織，讓決策縮短，讓責任與權利相當，是新的效率管理。

➤ 通路：指行銷管道。

➤ 網路：指電腦資訊連結系統，但當通路變成網路時，當網路具有通路之效能時，則更具爆炸威力。

➤ 異業結盟與行銷策略：異業結盟就是把通路立體化，是新興的行銷策略。

旅遊市場之未來發展

就產品之型態及經營趨勢分述，如下：

一、全備旅遊

團體全備旅遊原是旅行業最大利潤的來源，但是歷經四十年的經營以及旅遊市場人口的變遷，全備旅遊市場自然隨著潮流變遷；如今最大的變化在於獲利空間降低，而旅遊習慣亦由群性走入獨性與個性，因此，全備旅遊會愈來愈朝稀有路線之旅開展而參加者會愈要求品質與穩定性，因此，朝向ISO-9000的內容規格化‧品質透明化，操作穩定化是努力的方向。

二、國際票務

由於電子機票的研發與使用，已流行於區域旅行或國內旅行的領域之中，技術的統一化會愈趨明顯，票券與旅遊卡的結合，會讓旅行更方便，付款更輕鬆，旅次更頻繁，但是票務專業人員會愈趨少。

三、個別旅行

固然是未來的主流，但是有旅行社介入的半自助（俗稱機票加酒店，簡稱機加酒）旅遊以及航空公司主導的自主遊，才是旅

行社的生存空間，也是可支配的潮流與主力，因為自助旅遊仍然太辛苦又需要較充裕的假期，而今年實施的隔週休二日，有朝向歐美先進國家的生活型態發展之**趨勢**，則類似的暨休閒又有知性的短期長程遊程以及享有自主空間的渡假旅遊產品，正是旅行業可以大展空間的市場。

四、WTO的衝擊

眾人皆信，WTO的衝擊對我國的服務業打擊最大，外商可以優勢的國際力量，雄厚資本以及絕佳的品牌形象掠奪市場，但是樂觀的管窺並不能透視台灣消費者不注重品牌，競相價格競爭以及本土性人脈的消費特性，所以，台灣的旅行業並無懼於WTO的衝擊，但是假以時日，當外商聘用本土專家，併購本土通路，在挾以優勢，未嘗不會走向極大或極小的衍變，本土旅行社有必要未雨綢繆，儘早聯盟，建立通路，簡化作業，以及上、中、下遊的明確分工，集中能量（避免小本操作的耗能量做法）而要走向ISO-9000的途徑。

旅行社經營之變化

就旅行社經營策略與量化之變化，分述如下：

一、經營規模

以目前的2215家之多的業者，人數從6~400不等，遍佈大、

中、小型，綜合、甲種、乙種以及旅程設計，旅程籌組，薹售、零售、國旅、In-Bound以及票務中心等多種類型各樣經營的現況，或許要朝合併以減少內部消耗，提昇作業產能，提高議價空間，跨業經營的極大規模極小組織來思考，當然市場商序的整理有賴外在因素的變遷，才能在水漲船高之下，達到水到渠成的變革，表面上，固然靜待WTO的到來，鴨子在水下的動作卻早已頻動不已。

二、人力資源

因應極大或極小都要具有品質穩定，規格一致的特性，才能量化與流通，此皆有賴人力資源的素質塑造，因此人力資源的培訓不該僅僅是旅行社的各行其是，而應有與技職教育結合的考量，一方面避免浪費資源（人入錯行）一方面可以有一致性的操作動作（誠如國外的從業人員亦有要求先進入專業學校受訓取得執照的要求，即著眼於此），學校教育與業界結合都需賴雙方的契合。

三、通路發展

採購便利往往能促進消費意願與消費決策，通路的安排，讓基礎工作，銷售工作由通路，網路來執行，旅行社要做的就是發揮專業，包裝以及聯絡更好的旅遊資源來供消費者便利的使用，當旅遊不再是奢侈品；而是民生必備品時，通路就是這個產業的決戰點。

四、異業結盟

近期的市場行銷表象已可看到旅行業與金融業、信用卡、傳播業以及其他行業的結合，聯合推廣的成效是正數的，跨業經營與異業結合才能突破經營規模與瓶頸，也未嘗不是迎接WTO的衝擊的方案，但是不當的結盟也有損耗資源、商譽或是客戶重疊的弊端，主其事者不得不慎。

從業人員之因應

從業人員之本身亦應洞悉先機及早完成自我調適準備。

一、個人技巧

語文溝通技巧

1. 外文的增進：既然是地球村，英文將是共通的語言。
2. 講話修辭的改進：用詞遣字皆因時地不變，語調不同而產生溝通之誤解，在旅行業是必須避免的。

電腦的重要

旅行社原是具有資訊提供者的角色，從業人員的電腦技術必成基礎技巧，而旅行業的管理資訊系統（Management Imformation System）更是串聯整體經營的血脈，從業人員不得不會。

二、應有的態度

不僅僅是好玩

當旅行變成工作時，必須具有先把事情做好，做完的敬業精神，而非僅是一種好玩的行業。

不僅僅是輕鬆

遊山玩水固然是輕鬆的一面，千頭萬緒的準備工作有賴全體組織的團隊來分工完成，前線的人員要時懷後勤支援的辛苦，後勤人員要體念前線人員衝鋒陷陣的壓力與投注，沒有一件事是輕輕鬆鬆的，只有有準備的人才能顯現輕鬆的一面。

消費者最大

固然不再重彈「顧客永遠是對的」的老調（因為要依法、依理再依情），但是消保法的設立，消基會的存在，品保會的出現，都一再顯示這是消費者導向的市場潮流，這也是「金旅獎」受到肯定的背後因素，從業人員必須對消費者訴怨秉持堅定的立場，但是保有和緩的態度。

三、服務業的觀念

從無形變有形

服務是無形的，因此服務人員就變成商品的代名詞，不但舉止、服飾、談吐、儀態都要顯現你對產品的信心，服務人員的姿

態，就是消費者對服務性商品的信任。

從不可接觸到商品的有形化

除了整體造型的型錄，到內容透明化，品質規格化的ISO-9000之外，服務人員需具有充分的學識，上通天文，下達地理，而能夠適切的引導消費者進入模擬真境，是消費滿意度的指標，所以，旅行業不再只是土法煉鋼，而是需要科技的頭腦，高超的知識，職場的智慧（留給EQ去發揮吧）！

顧客的滿意度不僅僅是高品質

高價位高品質也有缺陷，因為顧客要求更高，不滿意的來源大多是因為體驗與認知有差距，大多數人都知道一分錢一分貨，但是消費者的一分錢往往不等於旅遊產品的一分貨，因此必須破除出國前比價錢，出國後比品質的消費心理，那就必須把商品忠實的呈現，而避免流於言辭與誇大的肢體語言。

昨天的滿意不代表明天的成功

服務業的多變性根植於接受者的態度，服務性產品的消費者往往心隨境遷，所以旅行社除了要成功的塑造企業經營的目標與特色，也要組織內的從業人員知所應變，彈性處理事情，要滿足服務業多變的特性，企業內要不斷的蒐集資訊，感受民情，從業人員也要不斷的接觸市場，走出象牙塔。

資訊的應用

要成為地球村之前，網路行銷可能是早一步到臨，電腦科技的運用已可行使資料庫行銷，而網際網路（Internet）的發達，業者甚可透過它成為產品的代理商，而內部管理的Intranet更是國際

化公司，跨國經營，國內南北串聯的利器，若是爾後Extranet技術成熟，再度串聯上、中、下游，則從業人員的資訊運用不得不迎頭趕上。

管理技能的發揮

流程變革（Re-engineer）既是時勢所趨，組織為提昇效能，必須走向扁平化發展，若要有全方位發展的從業人員，則後台的財會，總務人員必須走向業務發展協助的角色，而營業人員也必須懷有資源管理的態度，所謂上下合流、左右平衡、內外一致裡外合一，則在處理眾多事務之中有必要發揮管理與組織（動詞）的功能，才能夠做到「第一次就把事情做對」的流程變革境界。

問答題

1.旅行業的生存空間在未來的趨勢如何？

2.如何才是因應未來的旅行業經營策略？

3.因應未來趨勢從業人員的技巧應如何發展？

4.服務業的觀念如何應用到個人技巧的成長？

5.資訊的應用如何結合通路？

6.網路與通路的廣義解釋如何融為一體？

7.全方位的從業人員應具備何種條件？

8.管理技能的發揮如何達到流程變革的目的？

實務研究

1.做一次讀書心得報告。

2.檢討本課程的內容與交換新的教學方法。

旅運實務　　　　　　　　　　觀光叢書 14

著　　者☞孫慶文
出 版 者☞揚智文化事業股份有限公司
發 行 人☞葉忠賢
總 編 輯☞閻富萍
執行編輯☞范湘渝
登 記 證☞局版北市業字第 1117 號
地　　址☞台北縣深坑鄉北深路 3 段 260 號 8 樓
電　　話☞(02)8662-6826
傳　　眞☞(02)2664-7780
印　　刷☞偉勵彩色印刷股份有限公司
定　　價☞新台幣 350 元
初版四刷☞2008 年 8 月
I S B N ☞957-8637-68-3
網　址 ☞http://www.ycrc.com.tw

本書如有缺頁、破損、裝訂錯誤，請寄回更換。

國家圖書館出版品預行編目資料

旅運實務＝ The practice of travel agent /
孫慶文著.-- 臺北市：揚智文化， 1998[民 87]
　面；　公分 .--(觀光叢書:14)
　ISBN　957-8637-68-3 （平裝）

　1．旅行業　2.旅行

489.2　　　　　　　　　　　　87012853